浙江省自然科学基金探索项目（LQ22E080016）
浙江省社会科学界联合会研究课题（2024N087）
浙江省文化和旅游厅科研与创作项目（2023KYY036）
国家自然科学基金面上项目（52278083）
资助研究成果

韧性城市·绿色发展丛书

雨洪韧性城市规划
理论、方法与珠江三角洲实践

戴伟◎著

中国建筑工业出版社

审图号：粤图审字（2023）第 1277 号
图书在版编目（CIP）数据

雨洪韧性城市规划理论、方法与珠江三角洲实践 / 戴伟著 . —北京：中国建筑工业出版社，2023.7
（韧性城市 · 绿色发展丛书）
ISBN 978-7-112-28654-6

Ⅰ . ①雨…　Ⅱ . ①戴…　Ⅲ . ①珠江三角洲—暴雨洪水—防治—城市规划—研究　Ⅳ . ① P426.616 ② TU984.265

中国国家版本馆 CIP 数据核字（2023）第 069263 号

责任编辑：黄翊　徐冉　焦扬
责任校对：李欣慰

韧性城市 · 绿色发展丛书
雨洪韧性城市规划理论、方法与珠江三角洲实践
戴伟◎著
*
中国建筑工业出版社出版、发行（北京海淀三里河路 9 号）
各地新华书店、建筑书店经销
北京雅盈中佳图文设计公司制版
北京云浩印刷有限责任公司印刷
*
开本：787 毫米 ×1092 毫米　1/16　印张：12　字数：203 千字
2023 年 12 月第一版　2023 年 12 月第一次印刷
定价：78.00 元
ISBN 978-7-112-28654-6
（41115）

前　言

珠江三角洲是我国改革开放的先行地区，经过40多年的快速发展，已经取得了举世瞩目的辉煌成就，是我国人口集聚最多、开放程度最高、创新能力最强、综合实力最强的三大城市群之一。2015年世界银行报告显示，珠江三角洲已经超越日本东京，成为世界人口最多、面积最大的城市群。以珠江三角洲为发展基础，正在打造的粤港澳大湾区是世界四大湾区之一[1]。

在充分肯定珠江三角洲城市建设取得巨大成就的同时，我们也应该清醒地认识到：快速的社会经济发展使珠江三角洲城市土地资源更加稀缺，城市建设中还存在如下值得高度重视的问题。

（1）自然基底在三角洲城市发展中的基础性作用常常被忽视

与基础设施网络层和城市占用层相比较，自然基底层在珠江三角洲发展中的作用往往被忽视。自然基底层与基础设施网络层、城市占用层三者之间的互相依存关系发生了动摇，日益暴露出三角洲城市低海拔地理位置本身的缺陷。一些关键蓝绿空间在城市建设中常常被蚕食，空间的自然秩序逐渐在城市化过程中被瓦解，外部空间呈现出人工挤压和无序布局的现象，生态系统日益脆弱。不合理地开发利用山体、过度压实土壤、改造渗透性表面、破坏防洪植被和土壤结构等现象，导致自然基底在三角洲城市发展中的脆弱性被暴露。

（2）水系环境恶化与口门近岸滩涂日渐萎缩

雨洪泛滥、海水入侵等自然灾害仍然严重威胁着珠江三角洲可持续发展。作为三角洲城市的重要空间骨架，蓝绿网络塑造了三角洲城市的形态，口门是连接三角洲城市腹地与海洋的重要通道。由于大量建设的用沙需求，河床深度与宽度发生了显著变化，加重了防洪（潮）压力，造成河道腹部水位抬高。大型堤坝、跨江桥梁及滨水码头等涉水市政工程的建设，使得河道有效过水宽度降低，减少了河道过水调蓄能力。河道及其周边环境抗雨洪能力削弱，下游交叉河道岔口容易拥堵，导致河道水回溯效应，影响上游和中游地区的行洪安全，不合理的大规模填海造陆活动导致了自然岸线持续减少，破坏了径流动力的平衡，直接削弱了口门及上游河网区的潮汐动能，增加了极端潮水发生的频率。

（3）一些非理性开发活动已经对三角洲生态系统造成了严重破坏

对城市建设土地的巨大需求刺激了人类改造自然的欲望。在珠江三角洲，大量桑基鱼塘被改为城市建设用地，连片带状高价值湿地系统被削减和分裂，导致生态斑块破碎。河网断裂、水系渠化导致城市水系调控能力不足，“源—汇—流”机理紊乱，水文机理被破坏。在不适宜建设的地质条件下，高强度开发造成三角洲地基逐年下降，部分城市基地沉降。局部城市高强度、高密度的工程建设，导致了自然环境和人工系统之间的协调性失衡。

（4）极端气候变化下的雨洪灾害突出

气候问题已经成为影响未来珠江三角洲城市发展中最重要的不确定性因素。低海拔使得珠江三角洲城市很容易受到由气候变化带来的自然潮汐、风暴潮以及暴雨的侵蚀，导致雨水倒灌、洪水侵袭以及水源流失。最近30年来，极端气候对珠江三角洲城市的影响愈演愈烈。台风、暴雨、干旱、热浪等带来的城市暴雨、潮汐流、水体污染等问题与日俱增，对城市环境造成了严重的破坏。珠江三角洲地势低洼，流域地形高差明显，使多条江水形成水量丰富的水系网，江河呈扇形汇聚。受降水、洪涝以及海平面上升等因素的影响，过境洪水压力大，暴雨汇流归槽现象明显。雨洪灾害是珠江三角洲最常见且发生频率最高的灾害。1949~2017年，据统计共有135次热带气旋登陆珠江三角洲[2]，造成沿海地区大量建筑物倒塌，大片农田被淹没，引起潮水暴涨，海水倒灌，给珠江河口区城市带来严重灾害。因此，极端气候变化下的防洪（潮）排涝问题突出[3-5]。

水是城市发展的重要资源，但是，特大暴雨又极大地增加了城市内涝风险。多数国家防洪排涝实践经历了逃避式防洪（潮）排涝体系、工程化防洪排涝体系、生态化防洪排涝体系的发展历程。各国政府和学者针对极端气候变化带来的挑战，提出了很多观点，采取了不少措施。例如《哥本哈根气候适应性规划》对不同情境下的城市内涝情况进行前瞻性的预测，同时对灾害风险进行评估，为专业规划人士、公众和土地所有者提供了沟通工具。荷兰水教育学院（UNESCO-IHE）和荷兰代尔夫特理工大学（TU Delft）利用多学科知识研究洪水问题，梅尔（Meyer）等认为，遵循自然系统动力、蓝绿资源管理、港口发展、农业与城市系统发展的协同，是三角洲城市应对雨洪、开展韧性城市设计新范式的开始。雷维（Revi）提出了应对可能产生的极端降水、风暴潮的城市气候变化适应性框架。廖（Liao K H）分析了与洪水共生的生态智慧。格森斯（Gersonius）结合雨洪特征，从政策路径、适应性阈值规划设计等几个维度开展研究。佛拉（Flora）探究了堤岸、建筑以及基础设施对暴雨的适应性。周艺南阐述了土地利用优化、城市结构组织、多用空间塑造和城市系统与雨洪韧性的关系。俞孔坚等提出了包括滞洪区、绿色河道、建筑材料等结构性措施，以及流域管理、灾害预警、经验学习等非结构性措施在内的城市水系统韧性策略。陈天等以新加坡为例，阐述了水资源调蓄、水生态复育、水安全防控、水气候调节与城市水环境韧性的关系。许涛、刘健等利用灰箱模型，从抵御能力、恢复能力和适应能力等方面探索城市群与内涝弹性之间的关系。弗兰西斯奇（Francesch）以若干三角洲城市为例，从政策制定、资金支持、建设管理等方面阐述了“雨水管理和韧性空间一体化”这两大体系的衔接方式。曹哲静等分析了荷兰空间规划中水治理思路的转变与管理体系。陈奇放等结合大数据模拟，探讨了受灾人口、受灾建设用地与海平面上升的关系，明确了城市不同地区韧性提升的重点。陈前虎等基于国土空间开发“源汇”格局对水质的影响，从源头、过程和末端三个层面提出了土地利用与治水策略建议。利得马（Lijdsma）结合三种情景构建了生态系统服务价值和海岸线的关系，以适应各种可能发生的雨洪不确定性。陈崇贤、弘姆（Thorne）等利用元胞自动机科学评估了海平面上升给海岸生态环境带来的风险，并对生态系统服务价值变化进行定量评估。杨（Yang）等阐述了珠江三角洲空间形态与雨洪效应之间的互动演进特征。德森（Driessen）等从协作流程、权利分配、组织能力、财务状况、行政结构和组织文化等方面，阐述雨洪韧性管理与空间规划一体化操作方式。楚（Chu E）等提出城市化过程中要重视对气候变化的适应的问题。蔡凌豪对适用于“海绵城市”的水文水利模型进行了概述[6-24]。

珠江三角洲的现状空间格局是自然、社会、经济、文化等诸多要素长期相互作用演变的结果，空间结构具有时段动态性、要素分层性、区位分异性等特征。特殊的地理条件与快速城镇化的矛盾是珠江三角洲脆弱性产生的内因，气候变化的不确定性是加剧珠江三角洲脆弱性的外在因素。面对这种内外因在时空上的高度叠合和珠江三角洲未来发展，以服务经济发展为目标的规划方法将难以有效应对未来内外部扰动，无法适应未来珠江三角洲的发展。因此，未来城市规划要将提升城市的韧性水平作为重要目标，高度重视极端气候变化带来的雨洪等自然灾害的扰动。

基于上述思考，本书在大量研读国内外文献以及荷兰、美国三角洲治水规划案例的基础上，结合笔者前期研究成果，针对珠江三角洲未来发展面临的雨洪风险，从雨洪韧性城市规划的理论、方法及实践进行研究。在理论与方法方面，探索雨洪韧性城市规划的思维特点、所追求的空间核心能力、规划在空间上的表现特征等重要理论问题；针对珠江三角洲不同的空间类型，分析生态空间、农业空间和城市空间以及滨水区的空间特征，提出相应空间的雨洪韧性规划策略；阐述雨洪韧性城市规划的操作原则、组织工作、技术路线、设计流程。在实践方面，基于上述理论与方法的研究成果，从土地利用、蓝绿网络、海岸线规划等方面，探索珠江三角洲雨洪韧性规划策略；选取珠江三角洲最核心的明珠湾横沥岛作为片区的典型，从防洪和排涝角度，探索雨洪韧性规划理论在片区的应用，研究基于韧性理念的横沥岛防洪（潮）排涝规划策略。

本书的研究成果旨在为国土空间规划、城乡规划、城市设计的同行和高等院校的师生提供参考，以期共同努力，提高我国城市的雨洪韧性城市规划水平。

戴伟
2023 年 11 月于浙大城市学院

目　录

第1章

雨洪韧性城市规划理论

本章首先回顾了韧性研究的发展过程，对韧性城市、雨洪韧性研究现状进行了简述，重点分析了韧性理念下的雨洪韧性城市规划所具有的思维特性和所呈现的空间特征这两个问题；提出了雨洪韧性城市规划所具有的基本思维属性是系统性、协同性、底线性和前瞻性，所追求的核心能力是空间鲁棒性和适应性，城市规划所呈现的空间特征是地域性、网络连通性、多样化、多功能、冗余性和模块化等重要观点；阐述了这些理论特性与空间特征能够有助于提高雨洪韧性水平的原因。本章为接下来的雨洪韧性城市规划方法、雨洪韧性城市规划实施指南、雨洪韧性城市规划在珠江三角洲的实践等内容提供了理论基础。

1.1 韧性的内涵

1.1.1 韧性的含义

韧性一词最早来源于拉丁语“Resilio”，本意是“物体受损后回复到原来状态”，是许多学科研究中一个新兴的概念。韧性概念源于工程学和物理学。从1970年开始，以霍林（Holling）、福尔克（Folke）和卡彭特（Carpenter）等为代表的研究者开启了对韧性的探讨，并组建了韧性联盟（Resilience Alliance）[25-27]。目前，尚没有形成关于韧性的统一定义。许多著名的学者或国际研究机构相继从生态系统、社会系统、社会生态系统、灾害管理系统等方面阐述了韧性的内涵。能力恢复说、扰动说、系统说、适应性说成为关于韧性的四种代表性观点①，如表 1-1 所示。

从表 1-1 中可以看出，韧性的核心要义是具有应对系统内外部扰动的一种能力。扰动、吸收、恢复、适应、功能、结构、环境已成为围绕韧性的关键词。

韧性的代表性定义 **表 1-1**

来源	描述对象	观点分类	定义
霍林（Holling）[25]	生态系统	能力恢复说 扰动说	韧性体现在系统的持久性及其吸收变化和扰动，并且仍然保持同样种群关系或变量的能力
卡彭特（Carpenter）[27]	社会系统	系统说	韧性强调系统容忍扰动的能力，是社会在发展变革中生存的一个重要属性；系统需要通过保留社会的功能、结构、自组织和学习能力来维持这一属性
福尔克（Folke）[26]	社会生态系统	扰动说	韧性强调通过减少或抵消损害、限制影响系统的基本特征或措施来容忍干扰
米勒蒂（Mileti）[30]	社会生态系统	扰动说	韧性指系统在没有得到外部救援的情况下，能够经受住极端的自然事件而不会遭到毁灭性的损失、生产力下降或是生活质量下降
沃克（Walker）[31]	生态系统	扰动说	韧性指系统在不改变自身基本状态的前提下，能够应对改变和扰动的能力
埃杰（Adger）[32]	社会系统	能力恢复说	韧性指人类社群在面临外部社会、政治环境的变化时，维持社会基础设施的能力；强调从压力中恢复过来所需要的时间，更强调社群对于重要资源的获取渠道，如土地、金钱的能力
埃亨（Ahern）[33]	生态系统	系统说 适应性说	韧性强调一种思维转变，从安全防御到安全无忧；系统在面临变化或扰动的时候具有重组或恢复的能力，且不改变其核心功能和元素
布鲁诺（Bruneau）[34]	灾害管理系统	扰动说	韧性指减轻灾害的能力，包括减轻灾害发生的影响并开展恢复活动，以尽量减少对社会的破坏，同时也减轻未来地震的影响
艾伯蒂（Alberti）[35]	生态系统	能力恢复说	韧性指在环境变化之后，空间结构能够恢复并拥有与环境变化之前相同的功能与结构的能力
门罗（Meerow）[36]	社会生态系统	系统说 适应性说	韧性指一个城市系统以及跨时空尺度组成的社会生态和社会技术网络在面对干扰时，维持或迅速恢复期望功能的能力，以及适应当前和未来变化的快速转型能力
国际政府间气候变化专门委员会（IPCC）[37]	灾害管理系统	系统说	韧性用来描述一个系统能够吸收干扰，同时维持同样基本结构和功能的能力，是自组织、自适应压力和变化的能力
联合国国际减灾署（UNISDR）[38]	灾害管理系统	能力恢复说	韧性是系统、街区和社会在受到干扰时能够及时以有效的方式抵抗、吸收、适应并且从其影响中恢复的能力

① 能力恢复说指韧性强调基础设施从扰动中复原或抵抗外来冲击的能力。扰动说指韧性是社会生态系统保持相同状态的前提下，所能吸收外界扰动的总量。系统说指韧性是城市的自我组织和自我学习能力。适应性说指韧性是一种动态演化的能力，是社会生态系统持续不断的调整能力、动态适应和改变的能力。

目前，韧性的概念已被广泛地应用在经济学、社会学、灾害学、城市规划、生物学等领域。在经济学领域，韧性指以多元经济结构为目标，使研究对象能够具有应对经济动荡的自适应性。在社会学领域，韧性指通过社会自组织使社会群体具有应对社会变化的能力。在灾害学领域，韧性指研究对象具有抵抗自然灾害、削弱灾害影响并恢复系统稳态的抗干扰能力。在城市规划领域，韧性主要指通过合理的基础设施布局、土地利用、蓝绿网络、交通网络等使城市适应环境变化和气候变化，提升城市系统的稳定性。

1.1.2　韧性概念的发展

自霍林在 20 世纪 70 年代在生态学领域提出韧性概念以来，人们对韧性思想的认识不断深化[28]。20 世纪 80~90 年代，以工程韧性（Engineering Resilience）为导向的能力恢复说是韧性的主流观点。工程韧性突出系统恢复原状的能力，强调“系统在受到干扰之后恢复到均衡状态或稳定状态的能力”，它与人们日常理解的弹性概念比较接近。这里的干扰大多指洪水、暴雨、地震等自然灾害。例如，福尔克等认为通过系统对扰动的抵抗、削减、吸收，可以使系统恢复到扰动前的平衡状态[29]。在工程领域，韧性意味着可靠性和快速恢复能力。工程韧性的核心包括抵抗扰动能力和扰动过后的系统的恢复能力。扰动过后系统的核心功能恢复得越快，韧性能力就越强。因此，韧性可用系统恢复至稳定状态的速度来度量，速度越快表示其越有韧性。

随着人们对系统和环境相互作用机制认识的不断加深，人们发现工程韧性存在一些不足。工程韧性最大的缺点是认为系统只有一个稳定状态。系统受扰后要么失去平衡，要么恢复到扰动前的原有稳定状态。即使系统有能力恢复到扰动前的原有平衡状态，系统的韧性水平也并没有得到提高。1996 年，霍林提出生态韧性（Ecological Resilience），将其定义为“系统改变其结构之前能够承受的干扰量”[28]。因此，以生态韧性为导向的扰动说开始形成。生态韧性的要点不仅包含系统受到冲击后的恢复时间，也包含系统在维持稳定状态的前提下所能承受的最大干扰量。生态韧性注重“坚持的能力和适应的能力”，认为韧性度量的不仅是系统脱离稳定状态之后恢复到平衡状态的速度，还包含系统自身结构能够吸收多少量级的外部扰动。埃杰等认为系统的稳定状态会随着时间而发生变化，系统受干扰后的韧性能力取决于系统自身的自组织能力[32]。布雷克（Berkes）等认为系统有可能存在多个稳定状态。系统受到扰动后，可以从原先的稳定状态向另一个新的稳定状态转化[39]。生态韧性强调了系统的这种生存能力，它重视研究系统从一个稳定状态向另一个平衡状态转变的外部条件。显然这种认识是对原有工程韧性认识的重大突破。

工程韧性与生态韧性的最主要差别在于：生态韧性承认多个平衡态和系统转化到其他稳定状态的可能性，而工程韧性则认为系统只存在单一稳态。冈德森（Gunderson）用杯球模型（图 1–1）解释了上述两个韧性的区别[40]。工程韧性观点认为，系统受到扰动而脱离了原先的平衡状态，但由于自身的能力，经过若干长时间 r 后，系统克服了扰动的影响，重新回复到原先的平衡状态。r 值越小，工程韧性越大。而生态韧性观点认为，系统达到大于可接受的平衡范围值 R 后，不再回复到干扰前的稳定状态，而是进入到一个全新的平衡状态。因此，R 是系统可接受的最大的扰动阈值。

在生态韧性的基础上，不少学者提出了一种演进韧性（Revolutionary Resilience）的概念[41–43]。演进韧性将研究对象当成一个具有动态适应性的系统。例如，卡彭特等认为，系统无论是否存在外部扰动，都会随时间而变化，系统具有自循环的性能[44]。

塞米（Simmie）等认为这一观点和进化论有相似之处，皆为往复循环[45]。科新（Kinzig）认为处于稳定状态的系统，有时会发生突变[46]。沃克等提出韧性是社会生态系统应对扰动时所激发出来的一种变化、适应和转换能力[47]。福尔克认为演进韧性主要体现在持续性、适应性和转换性[48]。由此可见，演进韧性认为系统是复杂的、非线性的、不确定的。在不确定的环境下，系统受到冲击，有可能变成全新的状态[49]。造成系统转型的原因不一定是外部干扰，也有可能是系统内部中小尺度与宏观尺度变化不匹配所导致的[50]。

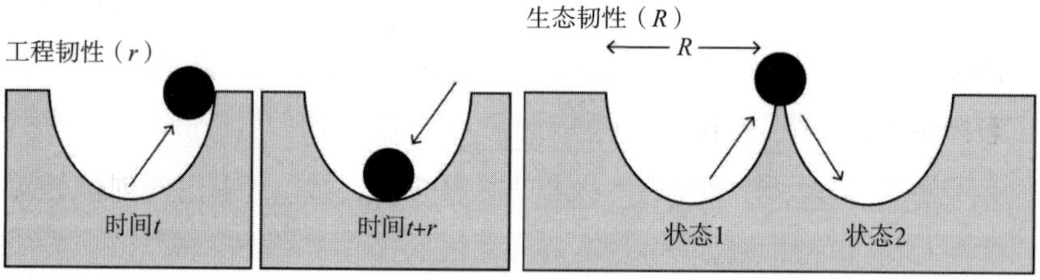

图 1–1 工程韧性与生态韧性示意图
（来源：笔者基于文献 [18] 绘制）

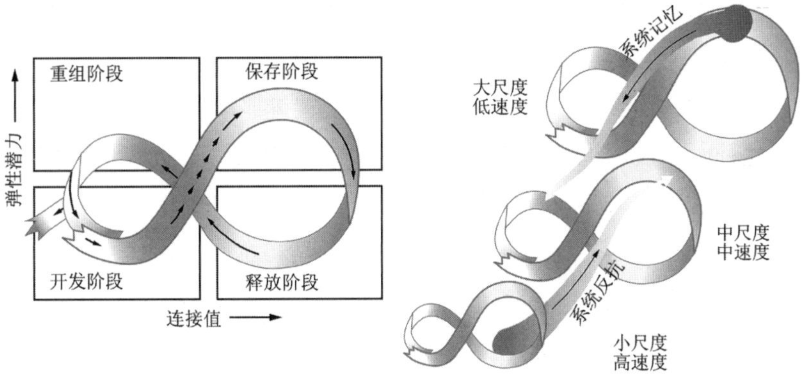

图 1–2 多尺度嵌套韧性循环模型
（来源：笔者基于文献 [28] 绘制）

冈德森和霍林基于非线性系统可能存在多个稳定状态的原理，提出了适应性循环理论，构建了适应性循环模型（图 1–2）[51]。适应性循环作为演进韧性的核心机制，可对绝大多数社会生态系统的动态运行过程进行解释。该模型揭示了系统的生命周期包括开发（Exploitation）、保存（Conservation）、释放（Release）和重组（Reorganization）四个阶段。在开发阶段，由于多样化和元素组织的相对灵活性，系统的连接度增加，韧性的潜力较大，这一阶段为“低危险—高韧性”阶段。在保守阶段，系统组织逐渐固定，活力逐渐下降，为“高危险—高韧性”阶段。在释放阶段，系统韧性量级较低，为“高危险—低韧性”阶段。在最后的重组阶段，系统要么通过创新产生系统重构，要么导致最终系统的衰退，这同生态学中的演替一样，一种系统的崩溃为另一种系统的开启提供了“机会之窗”（Window of Opportunity）。因此，对系统的韧性潜力的评估要综合社会、经济发展水平和基础设施韧性（包括防灾工程基础设施与蓝绿基础设施）等因素。

循环性适应模型被扩展应用到多尺度系统的耦合性研究中，适应性循环模型的各阶段不一定是连续或固定的。系统在多种尺度范围、不同时间段内，以不同的速度相互作用，其演进的轨迹取决于自下而上或是自上而下的相互作用。近年来，也有学者基于演进韧性、适应性循环等概念提出基于地域特征、历史文化的文脉韧性（Context Resilience），强调不同文脉语境中的韧性机制、自我学习及创新能力，其核心属性是可变性，强调通过区分结构性或非结构性问题、长期与短期问题，来设置合适的创新空间关系。

综上所述，对韧性概念的理解经历了从最初追求单一稳态到强调系统的多个稳态，从单纯的系统恢复到原有状态，到应对下一次变化时的学习与适应的发展过程，研究对象也从线性扩展到非线性，反映了人们对系统运行机制认识的飞跃，如表 1–2 所示。系统的复杂性导致不同学科对韧性的不同关注点。工程韧性、生态韧性、演进韧性的认知差异主要体现在对稳态的理解、韧性量度以及目标等方面。工程韧性强调系统恢复单一稳态的能力，以恢复稳态的速度作为韧性能力的评价指标。生态韧性承认系统具有多重稳态，以系统可承受外界扰动的量作为韧性能力的评价指标。演进韧性认为韧性是系统面对压力和限制条件时产生的一种变化和适应性。目前学界对韧性的定义尚未达成一致。这一方面展示了韧性概念的多元化发展，另一方面也凸显了目前学界对韧性的研究仍然处于百家争鸣的阶段。无法统一韧性定义的另一个主要原因与韧性的对象、韧性的主体、韧性的特征以及韧性过程有关。例如，从狭义的角度来说，韧性应对的外部扰动（即韧性的对象）主要是雨洪、台风等自然灾害。但随着社会经济的急速转型，公共突发事件、经济危机等一系列经济、社会、卫生方面的非自然破坏也逐渐成为外部扰动的范畴。

韧性概念发展 **表 1–2**

项目	工程韧性	生态韧性	演进韧性
目标	恢复到原有稳定状态	进入新的稳定状态	持续适应与转型
研究范围	线性系统	复杂系统	复杂动态系统
理论基础	系统只有一个稳定状态	系统存在多个稳定状态	系统的可转换性
韧性量度	恢复到稳定状态的时间	系统可以承受的外界“扰动”的能量	自组织、学习和适应性

1.2 韧性城市

韧性城市指面对城市、面对外部扰动时，具有自我调整、自我恢复、自我组织和创新的能力。它能抵抗、削减和吸纳城市遭遇的扰动（例如自然灾害），将扰动带来的损失降低到可接受的范围以内，维持城市的核心功能，并能快速恢复到新的稳定状态。其核心要义在于预判城市能够承载的外部扰动，并预先采取行动，减轻可能带来的损失。韧性城市的构建包含与韧性城市相适应的雨洪韧性城市规划、经济韧性、社会韧性、管理韧性等物质和非物质的要素。

实现城市韧性，除了需要城市规划提供空间层面的韧性以外，还需要从社会组织和管理方面实施相应手段。因此，韧性城市的实现不仅需要技术和物质支撑，还需要韧性管理。有不少文献对韧性城市的特征进行了研究。例如，德索扎（Desouza）等提出韧性城市应分为人、制度、活动相互组成的社会圈层和资源、过程组成的物理圈层[52]。梅尔（Meyer）提出应有稳定的自然基底、相互连通的网络设施以及服务于社会经济发展的城市占用层[53]。佛尔卡茨（Forgaci）用连接性、吸收能力、跨尺度性、协同性等 35 个标准描述韧性城市[54]。科林（Colding）认为空间形态、土地利用、城市蔓延扩张效率可以作为主要的韧性城市的评测指标[55]。雷斯特迈耶（Restemeyer）等认为空间形态、土地利用、城市蔓延扩张效率可以作为主要的韧性城市的评测指标[56]。许婵等认为跨尺度性、耦合能力等是评价韧性城市的指标[57]。黄晓军等从脆弱性分析与评价、面向不确定性的规划、城市管治和弹性行动策略四个维度构建了韧性城市规划的概念框架[58]。彭翀等从理论研究、政策导向和实践等维度构建了 21 个指标用于评价社区的韧性[59]。

现有文献对韧性城市应该具有什么样的特征进行了大量的研究，所得出的研究结论比较宽泛。例如，艾伦（Allan）等认为韧性城市具备动态平衡、多元兼容、高效流动、扁平特征，缓冲与适度冗余 6 个特征[60]。达武迪（Davoudi）、拉文斯（Lawrence）等认为多变性、变化适应性、模块性、创新性、快速反应力、社会资本的储蓄能力、生态系统服务是表达韧性城市的 7 个特征指标[61-62]。马斯让（Mishra）等阐述了韧性城市的冗余度、模块化、扁平性、智慧性、反馈性、合作性、流动性这 7 个关键指标[63]。雷姆斯达（Romsdahl）等认为扁平性、独立性、反馈能力、模块化、多元性指标可以描述韧性城市应该具有的特征[64]。

中国、美国、日本等国家对韧性城市给出了评价体系，但由于国情、指标适应性、制度规范性等不同，其评价体系具有明显的差异[65-81]。

1.3　雨洪韧性

韧性的对象有“一般韧性”和“特指韧性”[82]。前者主要关注于系统本身如何对所有不确定性做出的反应[83]，后者则关注如何应对一个特定威胁（如雨洪灾害、地质灾害、经济危机等）[84-85]。一般韧性仅对系统如何提高自身适应性作规定，不限定系统应对扰动的外边界条件。霍兰（Holland）提出了复杂适应性系统，为一般韧性的研究提供了理论基础[86]。福尔克将一般韧性的研究目标视作思想方法的研究，认为韧性研究主要是将传统适应性和转化性整合成一体的思想方法[48]。沃克等指出，研究一般韧性与研究特定韧性的方法不同，应避免过分注重特定韧性而破坏系统多样性、灵活性[87]。韧性联盟认为提高系统的一般韧性通常与多情景城市规划有关，每个情景瞄准的目标可能均不同[88]。显然，雨洪韧性属于一种特指韧性，以适应雨洪这一特定外部扰动。雨洪韧性具有很强的针对性，研究系统应对雨洪扰动时所具备的韧性能力，它的韧性目标与为应对雨洪扰动而采用的对策、措施等都具有很强的针对性，其不仅关注物理空间能承受灾害风险的极限，还关注系统的演进过程，从以往的经验中进行知识迁移以应对后次灾害的发生[89-92]。

对雨洪的韧性应体现系统在灾前、灾时和灾后三个阶段。灾前阶段突出“预防”，即在干扰来临前，利用多情景分析法，通过充足的历史研判与预测，结合城市规划策略，有针对性地对空间载体进行优化，形成有效的空间系统与关键节点，提高生命线系统的保障能力，主动适应灾害风险。灾时阶段要突出“控制”，迅速组织相关力量，开展救援工作，并积极预防次生灾害造成的影响，将灾害能够造成的损失控制在最小范围内。灾后阶段要突出“提升”，积极总结灾害破坏的特点，分析灾害对策并能够反映在下一步城市规划过程中，使灾害对城市规划提供学习、创新的功能[93-95]。

雨洪韧性城市规划是实现韧性城市的重要手段之一，它侧重于从规划的角度，为实现城市在受到雨洪灾害时具有较强韧性而提供良好的空间支持。雨洪韧性城市规划是提升城市应对气候变化和雨洪扰动、为城市未来发展提供空间支持的一种手段，它体现在韧性目标导向下的城市规划的思维、策略、技术、步骤、措施等层面。例如，将韧性理念应用到城市规划过程中，使城市能够消化并吸收雨洪扰动，并维持其最根本的功能和结构。实现韧性城市需要城市规划师、社会经济学家、生态学家、政治学家的协同合作[96-98]。

由于城市规划所针对的对象是多尺度、多类型的，目前尚没有统一的雨洪韧性城市规划的认知框架[99-102]。此外，本书在雨洪韧性城市规划中经常提及韧性对象和韧性主体这些名词。韧性的对象（Resilience of What）是指对什么的韧性，例如本书书名中的雨洪。韧性的主体（Resilience to What）指规划行为落地的实体对象是什么，例如通过对土地利用、蓝绿网络进行规划以实现对象的韧性。

1.4　雨洪韧性城市规划的思维特性

针对雨洪韧性和规划对象的特点，笔者认为基于雨洪韧性的城市规划具有以下思维特性。

1.4.1　系统性

系统性是雨洪韧性城市规划的根本思维特性，它具有整体性、关联性、开放性、多尺度性。雨洪韧性城市规划的对象是由空间要素、按照一定的结构和功能关系组成的系统，各类空间要素相互作用、相互影响。城市规划要通过分析空间系统与水环境之间的相互耦合机制，正确认识安全与风险的关系、地上与地下的关系、雨洪与内涝的关系、上游与下游的关系、设施标准与社会经济发展阶段的关系、传统技术与新技术的关系、洪涝系统与其他系统的关系，识别影响雨洪韧性水平的主要影响因素，进而从韧性目标出发，基于韧性主体与韧性承载体之间的机理，顺应城水系统间的相互作用关系，以促进涉水物质、能量、信息等要素自由流动为导向，科学规划空间布局、空间形态，合理土地利用和优化蓝绿网络，通过有层级、有秩序的结构实现规划系统的整体韧性。

雨洪韧性城市规划系统和规划要素都具有边界开放性，导致规划系统内部与外部环境的紧密联系和相互作用，产生物质、能量和信息的流动。规划系统的这种开放性决定了韧性规划过程也是开放的。因此，雨洪韧性城市规划要打破行政界限的束缚，以生态边界、流域等自然结构为单元划分依据，广泛听取大众对规划的利益诉求，协调多元利益。任何离开整体韧性目标而孤立地对空间要素进行的规划都将失去意义。

不同层级的雨洪韧性城市规划反映出诸层次在系统中的地位、作用存在差异。上一层次的雨洪韧性城市规划指导下一级规划系统，低层级规划的空间布局和形态都是更高层次的雨洪韧性城市规划影响下的产物，服务于层级更高的雨洪韧性城市规划的整体性要求，同时具有一定的独立性。雨洪韧性城市规划是一个“基于城水关系规律解析—空间现状评估—风险预测和情景模拟—规划论证—实施修正”的闭环。

1.4.2 协同性

雨洪韧性城市规划的协同性强调在规划过程中的目标协同、手段协同、政策协同。要加强空间系统与各要素之间、系统与环境之间的协同。雨洪韧性城市规划对象是由自然基底层、基础设施网络层、城市占用层组成的多层系统。自然基底层是其他两层发展的基础。规划时做到各层之间的协同是实现雨洪韧性的前提，也是制定雨洪韧性城市规划的基石。雨洪韧性城市规划要善于从城水关联耦合的各层关系中，找出影响整体韧性水平的主要影响因素，牢固树立空间发展要基于自然基底可承载能力这一基本理念。

雨洪韧性城市规划以全面、发展的眼光去把握规划系统，跳出空间孤立和封闭的状态，将对不同空间尺度的认识上升到整体关系中进行把握，将韧性理念转化为与不同空间尺度相适应的水环境规划导则和微观尺度内的实施方法，充分发挥不同尺度规划的作用，实现多尺度、多维度的协同。要协调城市发展与生态保护的关系，灰、蓝、绿网络统筹协同，对多目标进行合理取舍，使生产、生活和生态空间布局相协调，生产、生活、生态“三生”融合，做到区域和谐、功能互补、景观异质。

协同既是雨洪韧性城市规划的手段，也是雨洪韧性城市规划目标。空间要素、结构、规模、秩序、组织方式等匹配得当，空间布局和空间形态合理，协同作用发挥得好，系统的整体韧性才能大大超越各要素功能的总和。要通过分析比较，明晰哪些是影响系统雨洪韧性水平的关键规划因素、哪些是协同要素，发挥关键规划要素在雨洪韧性城市规划中的主导作用，使不同属性的协同要素功能互补。

雨洪韧性城市规划要增强水资源管理在城市规划中的整体性和协调性，做到城水协调理念下的总体城市规划、水生态系统服务、适水性生活空间、承雨洪韧性评价、多技术集成、多目标统筹协同，强调政府为主，市场主体、专家和市民等不同利益相关者的积极参与和协作，形成全要素、全过程协同。

1.4.3　底线性

雨洪韧性城市规划的底线思维指正视极端气候变化和未来强雨洪风险的冲击，强化忧患意识，从底线思维着力防范并化解重大风险出发，确保城市受到雨洪冲击时，将城市内涝程度及造成的损失控制在可接受阈值以内，维持“系统核心功能”这一底线不被突破。

雨洪韧性城市规划的焦点是对系统底线的确保，并将之落实到规划的全过程。要坚持问题导向，正视面临的各种风险，充分估计未来雨洪风险的概率、风险程度，对风险进行多方位、多维度的分析。从自然基底、经济发展和环境品质等要素，厘清雨洪韧性城市规划面临的主要问题和症结，见微知著、由表及里，搞清楚确保这些底线的规划主体和制约要素是什么。特别要关注对雨洪韧性程度影响大的脆弱区，对涉及底线的问题，在雨洪韧性城市规划时要舍得冗余和适度超前。

雨洪韧性城市规划要尊重自然基底，坚持生态优先。空间发展要建立在自然基底承载力可承受的范围以内。倡导灰、蓝、绿相结合的基础设施建设，以宏观尺度的蓝绿网络作为基本骨架，尽可能“还土地于河流”。科学选取控制节点，将河道弯折区、水系汇流区、水系分散区等关键性控制节点作为规划的调控切入点。

雨洪韧性城市规划要基于生态空间、农业空间、城镇空间等刚性边界，提升大堤、森林公园、湿地公园对雨洪韧性空间的贡献度。对于重点管控的涉水资源，应强化自上而下的约束性传导。对泛洪区要突出刚性约束，限制空间开发建设。对于涉及雨洪韧性底线的重大基础设施工程，必须实行刚性控制，恪守底线。要严格限制有损水生态系统服务的开发活动，提升灰、绿色相结合的雨洪韧性基本设施的标准和冗余度。从重视民生、强化功能、提升品质、弘扬文化、顺应人性出发，发挥这些设施的多功能作用。

1.4.4　前瞻性

雨洪韧性城市规划的前瞻性指规划前要深入开展极端暴雨和洪水灾害的预测模拟和空间风险识别研究，对于极端暴雨和洪水引发的洪涝灾害的时空分布进行科学推演，精准研判灾害发生的空间风险点、风险级别和风险影响范围。整个规划过程要面向未来，始终将系统对冲击的抵御能力、恢复能力和适应能力作为规划的根本要求。

辨识主要风险点是提高雨洪韧性的前提。雨洪韧性城市规划要以发展的眼光，对不确定条件和未知风险进行识别研判，应用数字信息和模拟技术的支持，从多种不确定的未来风险中辨识可能发生的雨洪冲击的频率和强度等，分析空间承载力，将未来可能发生的雨洪冲击强度和频率作为规划的主要情景，分析空间系统的快慢变量、阈值和驱动力，围绕这一情景进行城市规划，把提升蓝绿网络和灰色基础设施的韧性水平作为雨洪韧性城市规划的切入点。

雨洪韧性城市规划将提高系统的鲁棒性和适应性放到最重要的位置。当前，极端气候变化下的城市老城区排涝问题值得特别重视。城市排水管网等基础设施老化、功能落后、容量不足等问题已导致城市的脆弱性越来越凸显。要密切关注未来气候的变化对这些脆弱区造成的可能冲击，从历次雨洪灾害中学习，总结现有空间在面临雨洪灾害时的经验和教训，找到现有空间能力不足的主要因素，并将其吸收到未来雨洪韧性城市规划之中。要基于历史演进的发展趋势，加强空间演进特性的挖掘，积极协调基础设施、资源、环境的关系。在提升基础设施水平时，要坚持适度原则，前瞻性地把握好冗余度，使关键要素配置适度超前和冗余。善于从世界各国应对灾害的经验中学习，将其作为雨洪韧性城市规划的重要智慧来源。雨洪韧性城市规划要坚持承前启后，加强中远期和远景规划的对接，将韧性理念贯穿于规划的全过程。

1.5 雨洪韧性城市规划所追求的核心能力

基于对韧性理念的理解，城市对雨洪的韧性过程如图 1–3 所示，t_1 代表系统遭遇冲击（如暴雨）的时刻，T 代表系统的响应时间，t_2 代表系统进入新的稳定状态的时刻，P 代表系统必须要维持的系统性能（底线），D 代表本次冲击对系统性可能造成的最大损失。R 代表在允许的时间 T 内系统的性能与冲击前正常运行下性能的差距程度。基于雨洪韧性城市规划的目标是在系统受到冲击后具有抵抗、恢复、适应的能力，笔者认为雨洪韧性城市规划所追求的核心能力是空间的鲁棒性和适应性。鲁棒性反映了系统克服冲击的稳定状态的能力。

1.5.1 鲁棒性

鲁棒性表征系统具有承受扰动并且保持功能和结构不变的控制力，它描述系统性质的稳定性。只有鲁棒性强大的雨洪韧性空间系统，才能较好地吸收雨洪冲击可能产生的影响、维持核心功能并迅速地进入新的稳定状态。图 1–3 中 R 和 T 值的大小从不同角度反映出系统抵抗扰动的能力，反映出系统鲁棒性的强弱。即在允许的响应时间 T 内，R 值越小，表明系统受冲击后性能恢复程度越高，则系统的鲁棒性越强；或者，系统受到冲击后重新达到可接受的性能指标 R（如冲击前性能的 90%）所需时间 T 越小，则系统的鲁棒性越强。R 强调恢复程度，T 强调恢复速度。显然，T、D 和 R 越小，代表系统的韧性程度越高，可以用 t_2 和 t_1 区间内系统正常运行下的性能水平线与韧性响应过程曲线围成的面积大小加以度量。面积越小，则韧性水平越高，表明系统遭受冲击后适应和恢复能力越强。显然，对于已建成的空间系统，只有吸收应对本次雨洪冲击的经验和教训，并将之吸收到下一轮的城市规划中，使改进后的新系统具有比冲击前正常水平更高的运行性能，R 值才可能变为正值（即高于现有系统正常运行下的性能）。鲁棒性在很大程度上反映了系统的韧性能力，是韧性规划的价值导向。

1.5.2 适应性

雨洪韧性城市规划的适应性体现在空间的形态、结构和功能等方面要与其赖以生存的环境（包括自然基底、气候条件、社会经济发展需要等）

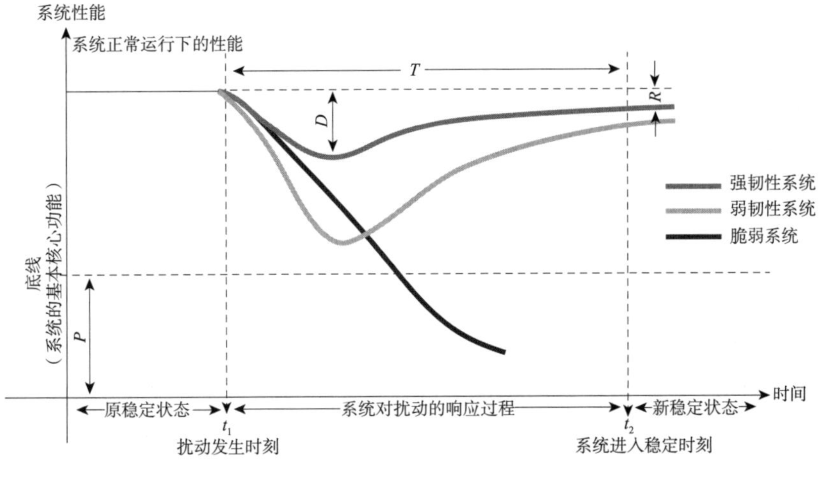

图 1–3　雨洪韧性过程示意图

相适应，使承载体能尽快吸纳暴雨和洪水的冲击。空间系统的发展受到自然基底、地形地貌、经济发展、外部冲击等因素的制约。雨洪韧性城市规划要基于未来社会经济发展需要和对雨洪风险的预测，坚持生态优先和自然基底的可承载性，科学设定空间未来发展目标。主动适应地域条件，综合考虑城市发展的规模、结构、布局等因素，预先采取相应的规划措施，因地制宜，通过对土地利用、蓝绿基础设施、防洪（潮）排涝系统等采取从动、协同和主动等方式，确保空间系统在面对气候变化时能够适应冲击，保障系统正常运转，使雨洪韧性空间与自然环境和社会经济发展相适应。雨洪韧性城市规划的核心是具有针对性、前瞻性，为应对未来变化作好准备。

雨洪韧性城市规划要用系统的、发展的思想，使各类空间要素、功能要素、规划技术与规划目标相适应，将自然解决途径与人工管控措施相结合，把应对雨洪风险作为前置条件，坚持生态优先，使重要的灰、蓝、绿基础设施具有可扩展性和适度超前性，使土地利用、功能布局、空间形态等要素适应未来雨洪冲击和空间发展。在最大限度地减缓内涝、确保城市防洪安全的前提下，满足土地的空间属性、公共属性、人文属性、生态属性的内在需求。

1.6 雨洪韧性城市规划的空间表征

空间布局和空间形态是雨洪韧性城市规划的主要外在表现。雨洪韧性城市规划强调规划思想的系统性、协同性、底线性和前瞻性。围绕提高空间系统的鲁棒性、适应性，在应用传统规划技术的基础上，雨洪韧性城市规划所呈现的空间特征有什么特点？这是将韧性理念落实到具体的规划实践的关键。结合对韧性理念的思考和国内外城市规划实践的经验剖析，笔者认为，雨洪韧性城市规划所呈现的空间特征主要有地域性、网络连通性、多样性、多功能、冗余性、模块化。

1.6.1 地域性

地域性指由于自然基底、社会、经济、文化等原因而形成的规划地区有别于其他地域的特性，它是空间异质性与土地多样化利用的根源。雨洪韧性城市规划顺应地域性，倡导因地制宜，将对地域性的研究作为规划的基础，科学分析自然基底、社会、经济、文化等因素对空间变化的演进机理，充分利用地域资源，将自然和规划技术相结合，依托河流山川，利用自然禀赋，契合自然环境，让空间形态与生态流动相协调，避免人为阻断或抑制自然过程，维持生态稳定性。充分挖掘地域文化内涵，将物质文化内涵与非物质文化内涵并重，塑造出既能服务雨洪韧性的目标，又与地域生态、人文环境、社会经济相适应的具有鲜明地域性的空间布局和空间形态。

1.6.2　网络连通性

网络连通性指根据地域特点，将空间系统的点、线、面尽可能地连通，引导物质、能量和信息等要素流动。网络连通性是维持雨洪韧性空间系统核心功能的重要支撑。为了吸收或削减雨洪对系统的冲击，各空间要素应做到点、线、面、体等方面具有多维度和多尺度的连接性和交互性。

网络化是雨洪韧性城市规划各空间要素、结构和功能之间广泛互联互通的载体。通过网络，使系统各部分之间具有强有力的联系和多重反馈，在雨洪来临时，使物质、信息、能量交换便捷畅通，资源及时调动和补充，以吸收雨洪冲击、分散风险和减少风险。

蓝绿设施是加强空间网络连通性、提高雨洪韧性实施的重要因素。要统筹布局，加强蓝绿基础设施体系和生态走廊的建设，在更大地域范围内规划和修复城市河湖水系、绿地及公园，依托蓝线空间，加强山水联系，打通生态断裂点，提高单个设施的建设标准，多个设施联成网络，将滞洪区、绿色河道、渗透系统、径流管理、结构性基础设施等要素网络化，发挥互联性、互通性、多功能性。通过绿色基础设施和灰色基础设施的共同协调，提升蓝绿空间滞蓄和消纳周边区域雨洪的能力。

1.6.3　多样性

多样性指为实现雨洪韧性而采取的空间形态多样化和具体实现方式的多样化，它是保持系统韧性所必须具备的基本条件。多样性将孕育新的机会，更有效地应对冲击和变化，增强适应性和灵活性。

雨洪韧性城市规划要以问题为导向，根据规划场地所处的自然条件和社会经济状况，灰、蓝、绿基础设施协同，规划好大型排放设施、调蓄设施、安全泛洪区、地表通道等组成的排水排涝系统，从渗、滞、蓄、净、用、排等方面，充分发挥湿地、雨洪花园、透水铺装、下凹式绿地、生态植草沟、屋顶绿化等作用，削减降雨径流，提升蓝绿空间滞蓄和消纳雨洪的能力，降低城市积水内涝风险和防洪压力，提高城区的蓄洪和排洪能力，最大限度地减缓城区内涝，实现良性水生态循环。

多样化不是简单的多元叠加，而是基于科学分析雨洪韧性目标与空间要素的耦合机理，综合考虑技术的先进性和成本的可行性，以自然资源的最大承受能力为约束条件，从多种实现方式中择优，科学规划土地利用和灰、蓝、绿网络布局等，将自然解决方案与人工管控措施相结合，加强极端暴雨和洪水来临时的应急治理响应，完善流域水生态环境保护和水灾害应急治理协调，加强信息共享，发挥应急治理的重要作用。

1.6.4 多功能

受自然资源的限制，未来能为雨洪韧性城市规划提供的土地将越来越少。在这样的大背景下，增强土地的多功能利用成为雨洪韧性城市规划的必然要求，提高了土地的利用效率。

雨洪韧性城市规划倡导灾时功能与平时功能的统一。通过土地转换、植被配置、高差规划等，使森林、草地、水域、沼泽、生态涵养河道、绿色廊道等景观发挥蓄水功能作用。以生态系统及其生态服务为核心的蓝绿基础设施，除了其缓解洪涝灾害方面的功能外，还应发挥提高生态系统稳定性、维持生物多样性、调节小气候、提供休闲娱乐空间等多种功能。优化滨水两岸的景观规划，加强河网生态功能，形成蓝绿相间的生态廊道。通过在城市低洼地区规划蓄水体、城区河道，营造驳岸景观。设置下凹式绿地、生态湿地等，让其发挥雨水调蓄韧性作用，提供生态、休憩和景观空间。通过空间堆叠和时间错时，让冗余设施和空间在不同的时段发挥不同的功能。在滨水区留有足够的绿色开放空间，灾时作为应急避难场所和疏散通道。

1.6.5 冗余性

冗余指为应对未来不确定性雨洪冲击时，对一些关键空间节点的功能进行重复配置和留有裕量，或为应对未来可能的变化而事先提供的一种空间准备。冗余性是系统和系统要素可替换的程度。雨洪韧性城市规划强调规划时要积极创造条件和事先预置，为今后提供适当空间功能、空间组织的转换和扩充，使空间能够适应未来不同情景，具有可扩展性。

冗余是提高系统适应性的重要举措，是增强系统安全性所必需的条件。雨洪韧性城市规划要为应对灾害留有余地，具有一定的富余程度和一定的缓冲能力，以适应系统的变化。对于重要的基础设施和生命保障系统，雨洪韧性城市规划时一定要留有适度的裕度，对特别重要的设施要有备用模块，具有可替代性，让其承担的功能通过备用设施补充，或由其他设施替代。在暴露度高的雨洪脆弱区，要预留生态空间，作为泄洪和涵养水源区。

1.6.6　模块化

模块化指雨洪韧性城市规划时要在系统性的指导下，自顶向下、逐层把规划系统划分成若干个模块单元。模块化是雨洪韧性城市规划的重要组织方式。

各个规划模块是雨洪韧性空间系统的子系统。要按照系统性要求，加强对模块的规划和管理，使每一模块具有鲁棒性、适应性和自组织性。在不超过空间界线和资源承载力的前提下，根据需要可对模块进行扩展配置，使之具有一定的可扩展性，可组合、可更换。

对于重要的基础设施和对生命保障有重大意义的设施，雨洪韧性城市规划要进行模块化分布式布置，使得在面对重大灾害时，即使个别模块出现故障，也可以及时修复或投入备用模块。每个模块要具有自治功能，能实现早期故障的自我诊断和修复。

1.7　雨洪韧性城市规划特性小结

综上所述，本章提出基于“核心能力、思维属性、空间表征”视角下的雨洪韧性城市规划之特性，如图 1–4 所示，雨洪韧性城市规划原理如图 1–5 所示，韧性规划特性要点如表 1–3 所示。

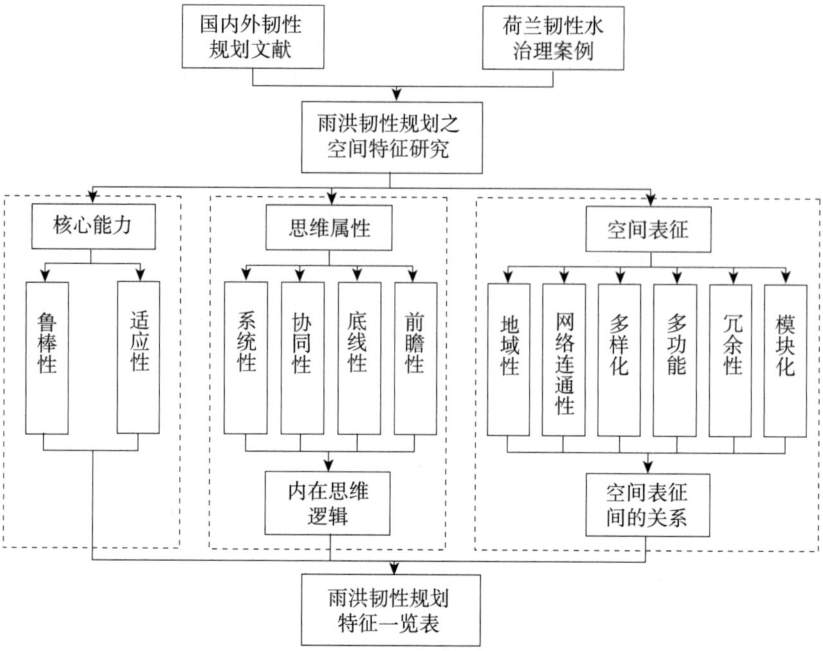

图 1–4 “核心能力、思维属性、空间表征”视角下的雨洪韧性规划之特性

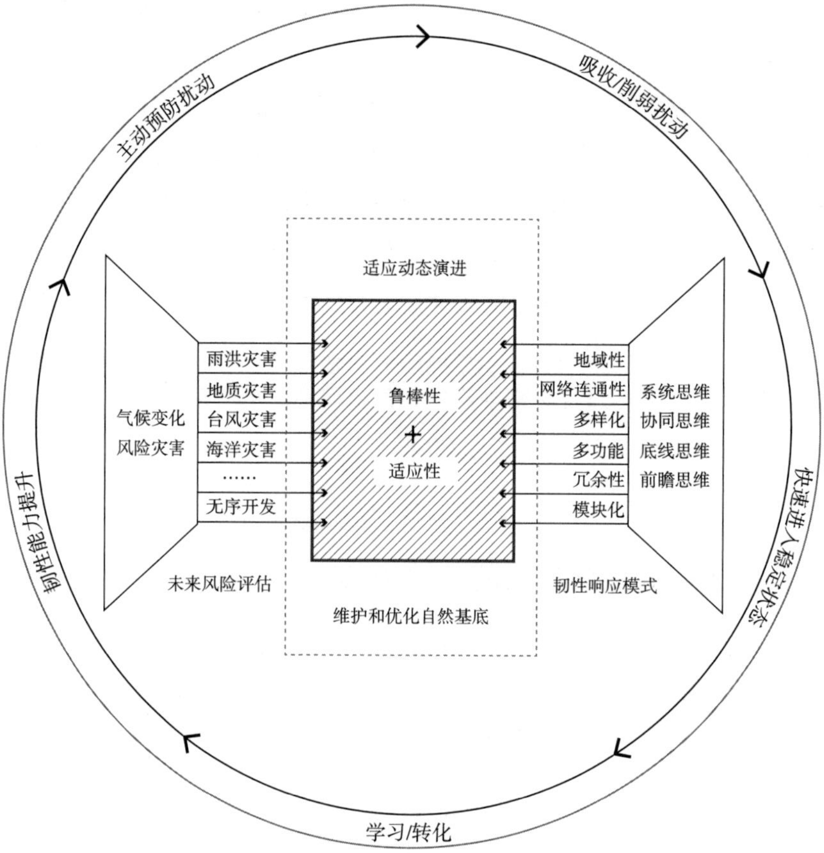

图 1–5 雨洪韧性城市规划原理示意图

雨洪韧性城市规划之特性要点 表 1–3

特性		要点
核心能力	鲁棒性	指系统的强壮性、稳健性、容忍性，保障空间系统在雨洪灾害来临时能够继续稳健运行。鲁棒性源于被规划对象的迫切需求，是空间系统得以健康运行的前提条件，也是韧性空间系统的重要品质。雨洪韧性空间规划的针对性和辨析未来主要冲击是提升鲁棒性的基础性工作
	适应性	指为适应环境变化对自身进行调整，以主动适应自然基底和适应未来气候变化，做到空间系统各层级之间、系统与环境之间、主体与客体之间的适应是关键。提高适应性的基础是韧性规划的前瞻性、针对性、可扩充性和适度冗余
思维属性	系统性	即整体性思维。强调整体性、层次性、关联性、开放性等空间属性在韧性规划思维中的应用
	协同性	是实现雨洪韧性空间规划的手段。空间系统各要素协同，多学科协作，多层次、跨尺度协调，兼顾不同区域的关系，是实现协同性的重要抓手
	底线性	将确保“空间系统在受到雨洪冲击时，维持系统核心功能，内涝程度及造成的损失控制在可接受阈值以内”作为底线，突出底线约束，坚持问题导向，立足预防，从最坏的可能性去谋划空间规划，立足自然保护与土地开发适宜性评价
	前瞻性	雨洪韧性空间规划要从底线出发，立足预防。重视系统动态演进规律，辨识主要冲击，瞄准未来主要发展情境，前瞻性地做出具有可操作性的雨洪韧性空间规划方案。冗余是实现前瞻性的重要措施
空间表征	地域性	在规划过程中，要基于场地特征，尊重自然基底，充分利用地域空间资源，塑造出与当地生态、人文环境、社会经济相适应的、具有鲜明的地域性的空间结构和形态
	网络连通性	因地制宜地连接系统点、线、面要素，打通水生态断裂点。连通性是维持系统功能的重要支撑，具有多维度和多尺度属性。灰、蓝、绿设施是网络实施的重要载体，优化“节点—路径”，使组成系统的各部分之间具有强有力的联系和反馈
	多样性	为实现雨洪韧性而采取的空间形态和措施具有多样性，它是系统面临扰动保持韧性所必须具备的条件。多样性是提供城市空间系统服务的基础。多样性的实现需要科学的结构安排，具有特别的现实意义
	多功能	是在有限土地上实现多样性的需要。多功能的实现要因地制宜，将灾时功能与平时功能统一，工程功能与生态功能融合
	冗余性	核心设施和空间要有裕量或备用模块。在暴露度高的岸线或其他雨洪高脆弱区，要留有缓冲余地，具有可扩展性。冗余是提高系统适应性的重要举措
	模块化	倡导分布式、模块化的空间要素分布，模块需要尽量具备灵活性和可扩展性，使每一模块具有鲁棒性、适应性和自组织性

1.8 本章小结

本章首先对韧性思想进行了梳理，从韧性理念出发，笔者提出了“思维特性、核心能力、空间表征”视角下的雨洪韧性城市规划之特性，即雨洪韧性城市规划所具有的思维特性是系统性、协同性、底线性和前瞻性，所追求的空间核心能力是鲁棒性和适应性，所呈现的空间特征是地域性、网络连通性、多样性、多功能、冗余性和模块化等主要观点。

第 2 章

雨洪韧性城市规划方法

本章基于第 1 章雨洪韧性城市规划理论，以雨洪为韧性对象，阐述了雨洪韧性城市规划指导思想，将空间划分为三类空间和三条红线，阐述了生态空间、农业空间、城市空间，以及三角洲城市特殊区域——滨水区的空间特征，重点从规划导则和主要措施两方面分别阐述对生态空间、农业空间、城市空间，以及滨水区的雨洪韧性规划策略。

2.1 指导思想

雨洪韧性城市规划方法以系统性、协同性、底线性和前瞻性为思维导向，以空间鲁棒性和适应性为目标，在对空间现状进行全面解译的基础上，深入分析空间历史演变，深化对空间整体性与异质性的理解，协调空间系统各要素之间及系统与环境之间的关系。坚持生态优先和自然筑底的思想，高度重视对气候变化引发的雨洪灾害等外部扰动的预防，跳出刚性和静态的思维约束，以积极发展的态度与自然合作，保障生态安全的底线。要根据不同空间类型的特征，将雨洪韧性城市规划理论落实到相应的空间载体，把雨洪韧性城市规划理论特性和所具有的地域性、网络连通性、多样化、多功能、冗余性和模块化等空间特征转化为对不同土地利用类型、蓝绿网络、滨水区等关键空间要素的规划，分类研究相应的规划策略，提高空间对雨洪扰动的抵御、削弱、吸收和适应能力。

雨洪韧性城市规划过程具有统一性和协调性。在提升空间对雨洪扰动的韧性这一目标的前提下，将应对雨洪问题与提升城市空间品质相统一，把雨洪韧性城市规划理论落实到土地适宜性评价、自然风险识别、现状空间评估和针对不同土地利用类型规划等一系列环节中，落实到调研、分析、规划和实施的全过程，善于从历次应对雨洪灾害的经历中吸取经验和教训，将其转换为规划的重要智慧来源。

雨洪韧性城市规划方法要坚持“生态优先，适应自然和适应扰动”的思想，根据规划地域的社会、经济、文化和自然条件，立足基底，通过对气候、地质、水文、地形、资源承载力和土地适应性的综合评价，处理好建设用地与非建设用地的关系，最大限度地避免雨洪灾害的发生，科学确定各类空间节点的定位、用地布局和开发模式，为未来城市雨洪安全构建底线，构建基于基底的城市景观和公共空间，营造地域特色，促进人与自然的和谐共处，提升城市对雨洪的韧性。

雨洪韧性城市规划方法要突出重点，特别是针对三角洲地区水网密布、海陆共生的独特自然条件，要系统研究空间布局、空间形态和未来发展。水系塑造了三角洲城市的形态，是空间发展的重要骨架。要重视跨尺度、多层次的蓝绿网络，突出防洪（潮）排涝在雨洪韧性规划中的主导作用，要从单一依靠工程型转向工程基础设施与生态建设相结合，让自然要素成为规划的语言，还空间于河流，打造关键空间节点，通过土地利用、蓝绿网络和滨水岸线等重要空间载体的科学布局，优化关键节点，保障蓝绿网络的连续性，提高城市对雨洪的韧性。

2.2 空间分类

2.2.1 三类空间

根据土地的自然属性，可分为森林、草地、湿地、农田、江河、湖泊、城市等类型；按土地的功能属性，可分为生态、生产、生活。本章将土地分为生态、农业、城市三大空间类型。

三角洲是由不同空间要素组成的多层级系统，具有海陆一体化的特点。三角洲的各类空间要素经过漫长的自然演进和一系列交互演替过程，存在质的差异，体现了空间功能的不同，形成了现阶段的空间特征。空间异质性使三角洲现状空间具有不同的功能、形态和要素演进速度。雨洪韧性城市规划方法要深化对三角洲整体性和异质性的理解，重视对不同类型空间形态和空间特点的解译，依据不同的土地属性、空间特征、发展定位，对三角洲空间进行分类规划，提出有针对性的雨洪韧性城市规划策略。

三大类型的空间在土地利用、开发强度、生态价值、空间功能和空间形态方面均不相同，具有不同的特征，将在下节详述。

2.2.2　三条红线

雨洪韧性城市规划方法的重点是土地利用。要遵循系统性、可量性和可操作性原则，分析资源环境开发现状（如规模、结构、质量、效益）和变化趋势，分析环境的承载容量。基于对资源承载力、生态系统服务功能的贡献度、生态敏感空间的科学识别和开发适宜性等方面的综合评估，确定生态保护红线、永久基本农田控制线和城市增长边界线——“三条红线”，处理好建设用地与非建设用地的关系，统筹各类资源的保护与利用，合理配置基础设施、公共服务设施等要素，优化城市空间与功能。

“三条红线”对于合理确定空间发展与保护格局具有十分重要的战略规划意义，同样它也是雨洪韧性城市规划必须恪守的底线。生态保护红线是保障生态安全的底线，永久基本农田保护红线是永久性保护耕地的空间边界，是保障粮食安全的底线。城市增长边界线是控制城市无序蔓延的刚性约束，是城市在一定时期内进行空间拓展的边界线。

2.2.3　三线管控

“三条红线”是雨洪韧性城市规划方法中最重要的控制要素之一，是处理好保护和发展关系、区分建设用地和非建设用地的界限。“三条红线”对于改变城市发展方式、引导城市从外延式空间扩张向精细控制和集约利用土地方式的转变具有基础性作用。对雨洪韧性城市规划方法来说，“三条红线”是处理好土地刚性控制和弹性利用的抓手，是协调多方管理、多元利益和建立有效的管控模式的重要手段。“三条红线”的划定是对战略性保护区实现刚性约束的底线。只有明确空间底线，并在此基础上进一步明确适宜建设区域和不可建设区域，才能筑牢发展的安全底线。任何开发战略、空间格局都要自觉遵守“三条红线”约束。

2.3 生态空间雨洪韧性规划

2.3.1 生态空间特征分析

生态空间又称自然空间，是指具有自然属性、以供给生态产品或生态系统服务为主体功能、自然条件不适宜农业和城市建设发展的空间。生态空间分为蓝绿生态空间（主要含林地、河流、湖泊、湿地等）和其他生态空间（主要含沙地、裸地、盐碱地）。蓝绿生态空间的主体是蓝绿网络和蓝绿斑块，它以水体和山脉为主要骨架。其中，河流、湖泊是构成蓝网的主要元素，绿地和林带是构成绿网的主要元素。

生态空间的形态源于自然过程，具有高度的自组织性。生态空间中有丰富的生态源地、廊道和踏脚石。蓝绿网络的连通性是净化环境和生物栖息的核心，自然力是生态空间肌理塑造的主要作用力。生态空间具有如下特点。

①以自然要素为空间的主要成分。湖泊、河流、森林、湿地、植被、浅滩、沙洲等自然要素构成了生态空间的主体，自然资源集聚，自然过程明显，提供了大量的生态栖息地，是维护自然生境、提供水资源、保持生物多样性、促进人与自然和谐发展的重要空间。

②一般来说，生态空间的自然条件不适宜农业和城市建设发展。地质条件、水文条件、气候条件、自然灾害、地基承载力等因素决定了生态空间的环境较为原始粗放，呈现原生态和半原生态。

③生态价值突出。生态空间为城市空间和农业空间提供了大量的自然资源，具有沉积和降解污染、净化水质、涵养水源和蓄水等多种生态功能，为城市提供水系、绿道等自然流动要素。蓝绿网络水体众多，岸线自然，形态有机，污染较少，是维护生物多样性和营造特色景观的重要载体，是生态服务的核心区，具有较高的生态效益和景观审美价值。

④生态空间对其他空间具有十分明显的引导和限制作用。生态空间影响基础设施网络骨架和城市空间、农业空间的利用方式和利用强度。丰富的自然资源（特别是充足的水资源）是城市生存和发展的前提条件，影响着城市的空间形态、人口聚集、城市规模、产业结构、功能导向等，引导城市产业结构和各种要素的空间分布。良好的蓝绿网络能有效地组织和分配城市系统中的各种功能，使物质流、信息流、能量流得到优化，便于要素集聚与扩散。

⑤蓝绿网络在雨洪韧性城市规划中具有不可替代的作用。由于自然基底原因，气候问题已经成为影响未来城市发展的最重要的不确定性因素。城市很容易受到由气候变化带来的洪涝以及海平面上升等因素的影响。雨洪灾害是三角洲城市危害性最大、发生频率最高的灾害。蓝绿网络的连续性、多层次和多方位的格局有利于提高城市对雨洪的韧性。蓝绿网络不仅提供水文自然循环，还是行洪排涝的主要通廊。它是实现雨洪韧性城市规划方法的重要主体，优化蓝绿网络是雨洪韧性城市规划方法的关键抓手。

⑥为人类提供休息、旅游、运动、观赏的场所。作为跨尺度载体，蓝绿网络要素的尺度小到单体场地，大到整个区域，其功能涵盖不同的地理范围，受益面广泛。蓝绿网络是物质、信息和能量交换的主要承载体之一，除了具有调节气候、控制疾病和净化水源等生态服务功能，还具有陶冶心情、进行美育、表现田园情怀等文化功能，直接影响人类的生活品质，具有良好的社会效益，是实现城市功能多样化的必要条件。

2.3.2　生态空间雨洪韧性规划要点

（1）规划导则

雨洪韧性城市规划要重点识别对水源涵养、生物多样性维护和水土保持等生态功能具有重要意义的区域，树立尊重自然、顺应自然和保护自然的理念，突出生态空间的生态保育功能和水文调节功能，划定生态环境敏感脆弱区、江河湖库滨岸带敏感区、红树林生态系统等各类生态保护红线，让自然做功，充分发挥自然力的塑造作用，从生态安全、生态承载力、生态完整性和生态功能性等方面保护生态空间和生态廊道的连通性，实行最严格的生态环境保护制度、资源节约集约制度。

（2）规划措施

雨洪韧性空间规划要对重要的生态空间实施保护措施，加强自然过程对空间形态的塑造，尊重地形地貌，发挥生态空间的多功能作用。特别是要加强对水系空间的引导，加强自然过程，保护滨水绿地生态系统的网络连通性，维护场所安全，在对生态空间进行充分解译、提取重点要素、充分考虑自然动态和水土季相变化的基础上，因地制宜地应用雨洪韧性规划理论下的空间特征，对蓝绿网络进行优化，针对性地采取如下一些规划措施。

①蓝绿网络规划时要适度冗余和超前。蓝绿网络对于雨洪韧性城市规划具有基础性、引导性和支撑性作用。蓝绿网络不仅要与当前的城市发展相适应，还要与未来的城市发展相适应。要以自然生态保育区为生态源，以河流、山脊、沿路和沿河绿化带及其他潜在生态廊道为辐射廊道，对生态斑块进行深度挖潜。以“节点—路径”优化为核心，选择对生态空间的稳定具有重要意义的斑块作为关键战略节点。通过对关键节点的规划，将现存的以及散落在自然中的具有生态潜力的湖泊、湿地、山体等蓝绿斑块连接起来，形成多连通的蓝绿网络，构建“大型斑块 + 带状廊道”布局。

②发挥生态空间的多功能作用。生态空间是自然资源集聚、自然过程明显、空间肌理有机、空间价值突出的聚集区，在充分发挥蓝绿网络在洪水调节、雨洪通道、水源供给等方面作用的基础上，还要为人类感受自然、游憩活动、文化旅游和美学教育提供机会，满足人的多重精神需求，挖掘生态空间的人文教育价值。

③利用自然过程塑造生态空间。雨洪韧性城市规划要遵循自然规律，充分考虑水文、沉积等自然过程，高度重视泥沙流动特征、河床水力学特征和植物自然演替规律，依据河流水系的水域功能目标、自然特征，在打造生态本底时更多地考虑河流水系对生态的保护，营造蓄涵雨水、净化水体，增强雨水向地表的渗蓄、延滞、净化、削减、吸收等方面的作用。

④涵养和恢复已破坏的生态斑块。对于自然生态退化的区域，雨洪韧性城市规划通过人工整治，调控水体，涵养水源，修复重要的生态源地和生态斑块节点。对生态条件尚可且有潜力复原的生态空间，利用生态系统的自我恢复功能，逐步恢复已遭到破坏的生态斑块。对于产流空间自然渗透不畅、蓄洪功能不足的场地，要采用生态化改造或其他工程技术措施，增加自然植被空间，减少线性基础设施对空间的分割，使蓝绿网络具有可延伸性。

⑤营造河流洪泛平原。由一系列主干河道和支流组成的水系网络是城市空间防洪格局的依托，是水文自然循环和防洪（潮）排涝的通道，是生态廊道必不可少的基础结构。雨洪韧性城市规划要加强对水系空间的引导，合理布局滨水岸线生态缓冲区和冗余用地，倡导还空间于河流，为雨洪排放提供安全通道。发挥泛洪缓冲区的多功能作用，在雨洪来临时以提供泛洪空间为主，在平时提供多样化的景观，为渔牧业提供生境，为多样的生物提供栖息地。

⑥疏导和连通河道。对部分已经渠化的河道进行适当改造，拆除河道的硬质边界。对以饮用水源为主导功能的蓝绿网络，要保护具有水源涵养、生物多样性、环境净化、保持水质功能的森林和草地等，增强水质、空气、土壤等生态环境质量。从水体向岸边形成高程梯度，形成多种缓冲植被，促进生态保护和修复。

表 2–1 综合总结了生态空间雨洪韧性规划的空间定义、空间特征、规划原则和雨洪韧性技术措施。

生态空间雨洪韧性规划摘要　表 2–1

空间定义	空间特征	规划原则（指导思想）	雨洪韧性技术措施
生态空间以供给生态产品或生态系统服务为主体功能、自然条件不适宜农业和城市建设发展的生态空间	· 生态空间分为蓝绿生态空间（主要含林地、河流、湖泊、湿地等）和其他生态空间； · 以自然要素为构成空间的主要成分； · 生态空间的自然过程明显； · 生态空间的生态价值突出； · 生态空间对其他空间具有十分明显的引导和限制作用； · 最容易受到人类的破坏	树立尊重自然、顺应自然、保护自然的理念，突出生态空间的生态保育功能和水文调节功能，保护生态空间的整体性、系统性，生态廊道的连通性，减少人类干预，让自然做功，充分发挥自然力的塑造作用，保障生态系统安全，提高生态承载力。要按照适度超前和适度冗余的原则，对蓝绿网络进行优化，遵循自然规律，充分考虑水文、沉积等自然过程	· 适度冗余和超前； · 发挥生态空间的多功能作用； · 利用自然过程塑造生态空间； · 涵养、恢复已破坏的生态斑块； · 营造河流洪泛平原； · 选择耐水、耐淹的植被

2.4　农业空间雨洪韧性规划

2.4.1　农业空间特征分析

农业空间包括农业生产空间和农村生活空间，是指以提供农产品为主体功能的空间。农业生产空间含耕地、园地和其他农用地等，兼有生态功能。农村生活空间含农村公共设施和公共服务用地、农村居民点用地等，空间多为分散型。基于高程、坡度、土壤类型、水资源、光照条件、空间脆弱性等因素的农业生产适宜性综合评估，农业空间可分为永久基本农田、一般农业区和农村居民点等。

圩田是三角洲中农业空间中最具特色的重要空间类型，它是滨海、沿江、滨湖地区通过筑堤围垦而成的农田。通过对泥滩、湖泊筑堤而形成的圩田是自然景观向农业景观转型过程中的一种体现。圩田具有周期性的地表高水位、永久性的地下水。自然、水利、农耕以及周边的城市形式都影响着圩田的空间组织模式，除一般农业空间的特点外，圩田还具有如下空间特点。

①依水而生。圩堤、戗岸、河渠、闸泵、沿河村镇等是圩田的空间要素。土壤类型主要为泥滩海绵状，容易沉降。尺度差异巨大，小者几公顷，大者十几平方公里。根据面积和发育程度不同，圩田分为基本结构型和复合结构型两类。圩田内建有闸泵等基础设施，主要用于调整圩田水位、净化水体和水陆交通。部分沉降后的圩田只能用于放牧或者逐渐转化为沼泽。

②受自然过程与人工调控作用明显。径流、潮汐和洋流将海底的沉积物冲刷至海岸，形成湿地与沼泽区域。人类通过修建圩堤、河渠和闸泵，大规模开垦湿地、沼泽，围垦湖泊成为圩田。圩田是人们改造低洼地、向湖和海争地造田的产物。

③具有良好的洪涝自适应性。圩田大多地势低洼，通常位于河流区、湖床区和河口区。顺水而成的基本结构是圩田的基本特征。河渠网和闸堰可以依据不同的地形调节雨水，对雨水资源起到较好的调配和缓冲作用，形成了“上塘下塘”“外塘里塘”等不同的空间布局。

④提供粮食生产和文化景观等多重价值。农业空间是粮食生产的基本来源，水中有田、田中有水。桑、蚕、鱼等构成了良性的生态系统，塘中养鱼，基面种桑，并具有美学肌理。

2.4.2 农业空间雨洪韧性规划要点

（1）农业空间雨洪韧性规划导则

在我国人口众多、人均土地面积少的大背景下，确保粮食安全是农业空间内雨洪韧性规划的重中之重，必须坚守永久基本农田保护红线，实行最严格的耕地保护制度，确保粮食安全和生态安全，保障社会对粮食和主要农产品的刚性需求。规划要以资源承载力为基础，统筹农村经济发展和保护，通过基础设施引导，推动农地规模发展，优化空间布局。营造由河网水系、农田、鱼塘、绿道等组成的多样性生境，保护圩田景观和地域特色。节约和集约化使用土地，形成与资源承载相匹配，生产、生活、生态相协调的空间格局。

（2）农业空间雨洪韧性规划措施

雨洪韧性规划要根据农业空间的特点，顺水而为，自然引导，适度改造，调节内涝。针对农业空间的农业生产和农业景观的双重价值，广泛应用地域性、网络连通性、多样性、多功能、冗余性、模块化等雨洪韧性规划下的空间特征，采用具有针对性的规划措施，协调生态、生活和生产功能空间。

①因地制宜。针对圩田农业空间的场所特征、水平结构和垂直结构的层次性和丰富度，规划时要突出地域文化的传承和保护。堤岸与滨水驳岸要注重三角洲圩田文化景观的特征与风格，生态化改造裸露驳岸，在材质上软、硬质搭配，体现人与自然的和谐，完善湿地系统的生物链，增加生态系统的稳定性。

②农业用地模式的多样化。雨洪韧性规划要根据不同地块的功能要求和水文、地形的特点，规划空间功能，多样化地利用土地，使农业空间成为农业生产区、生态景观区、旅游观光区和文化教育区。“似田非田、似水非水”的湖田和湖底水田可以作为泛洪区，储存水资源。

③自然引导。雨洪韧性规划时应顺应水文机制，尊重自然汇水过程，要适度改造、疏浚河道，自然引导，将圩田水渠和溇沼、戗岸内河和外围河湖、圩田河渠和低洼处连通，顺水而为，增强水体循环。结合圩内河渠修筑内堤，形成多级防洪体系，调节径流流量，分区排涝，发挥圩田在径流调节、蓄洪调位、水质净化、生态涵养、休闲观光和文化美学等功能，提高农业空间对雨洪的韧性。

④保护传统文化。雨洪韧性规划要防止对农业空间的不合理开发。河渠水系具有排水、调蓄、航运、灌溉、景观等综合功能。在河道疏浚、圩岸维护、圩田防洪排涝时，不仅要保留农田的基本形态，还要保护村落传统文化，防止对原有湖泊、河流的水文环境的破坏。

表 2–2 综合总结了农业空间雨洪韧性规划的空间定义、空间特征、规划原则，以及雨洪韧性技术措施。

农业空间的雨洪韧性规划摘要　表 2–2

空间定义	空间特征	规划原则（指导思想）	雨洪韧性技术措施
农业空间是指以提供农产品为主体功能的空间，包括农业生产空间和农村生活空间	· 圩田整体的结构依水而生； · 圩田结构受自然过程与人工调控作用明显； · 圩田具有良好的洪涝自适应性； · 圩田能够提供粮食生产和文化景观	农业空间以农业用地开发适宜性评价为基础，优化农业主体功能和空间布局，形成与资源承载相匹配，生产、生活、生态相协调的空间格局。实施最严格的永久基本农田保护红线，保障粮食安全和主要农产品的有效供给。顺水而为，自然引导，适度改造，调节旱涝，保护村落传统文化	· 农业空间因地制宜的地域性规划； · 农业土地利用模式的多样化； · 农业空间的多功能利用； · 加强农业空间对雨洪灾害的适应性； · 特色村落规划

2.5 城市空间雨洪韧性规划

2.5.1 城市空间特征分析

城市空间指以城市居民生产、生活为主体功能的空间，包括工业区、商业区、住宅区、街道、医院、学校、公共服务区等。城市空间是人们工作、学习、居住、生产、生活、休闲等的场所。与生态空间、农业空间等不同，城市空间以街区、绿地、公共空间、街区等空间构成元素为主。城市建设条件适宜性评价是对城市用地布局结构的合理性、市政设施与公共服务设施的完备性、工程准备条件的可行性及外部环境条件适应性的评价。

当前，三角洲城市空间具有以下特点。

①人口稠密，建设密度高。城市空间通常区位条件好，交通方便，经济与社会发展水平相对较高，在区域发展中具有重要的地位。为了能在有限的用地范围内容纳更多人口、产业及公共服务，往往通过增大空间密度来满足城市发展对建设土地的需求。因此，三角洲城市空间往往建筑容积率高，建筑间隙小，人口密度高，形成高密度区域。

②土地开发强度大。城市空间与人类关系最密切，受人类影响也最大。与其他类型的空间相比，三角洲城市空间的土地开发强度更大。城市空间通常以道路交通网络为骨架，以街区建筑为填充物，用地紧凑。

③网络要素水平高。在各类空间中，城市空间配置的基础设施等网络要素水平最高。交通、能源、信息网络、生命支持系统等基础设施和道路网络大大加强了城市空间的联动性。交通网络是城市的生命线，是维系城市功能的大动脉。交通一方面为城市多样化功能提供了基础，另一方面也阻碍了自然径流。与生态空间、农业空间相比，城市空间路网变化速度最快，受人类影响也最大。

④蓝绿空间破碎化程度高。城市生态用地破碎，空间蓝绿景观连通性不高，廊道对城市的生态辐射作用削弱。高强度的土地开发使城市下垫面大面积硬质化。一旦遇到大强度降雨，雨水将在短时间内大量汇集到硬质下垫面而无法自然下渗。地下空间的开发又进一步削弱了储水、滞水能力。特别是一些地势较低的城区，很容易形成城市内涝，系统稳定性降低。

2.5.2　城市空间雨洪韧性规划要点

（1）城市空间雨洪韧性规划导则

雨洪韧性规划要以适宜性评价为基础，综合考虑城市的功能定位、区位优势、人口规模、资源环境、自然承载力、产业基础、交通网络、基础设施、发展趋势等因素，以人均建设用地指标作为控制性依据，以城市增长边界为限制性条件，以紧凑开发和精明增长为目标，以节约、集约和多功能土地利用为措施，优先保障基础设施和公共服务用地，优化城市空间结构。

（2）城市空间雨洪韧性规划措施

建设用地是雨洪韧性城市规划的基本控制要素。土地利用方式决定了城市的空间形态，也在很大程度上决定了城市空间对于雨洪是否具有韧性。根据城市空间的特点，在对规划场所进行充分解译、提取重点要素的基础上，采取以下具有针对性的规划措施。

①雨洪韧性城市规划大力协同蓝、绿、灰等基础设施的功能，优化城市用地布局，在满足城市发展需求的基础上，尽可能预留和规划充足的绿色开放空间。在雨水廊道识别的基础上，充分利用跨尺度的点、线、面相结合的生态化设施，优化水流路径，优先利用自然排水系统，构建点（如绿色屋顶、小型雨水花园、生物滞留池等）、线（如自然河道的生态改造、优化自然水文布局的道路路网等）、面（如绿地空间建设、透水路面等）相结合的城市多层级蓝色网络。

②通过地表“产—汇—流”特征分析，合理利用雨水干廊、支廊、毛细廊，构建“以水为媒”的廊道，从多维空间构建绿地网络，提高生态斑块的连通性，减轻城市对地表水循环过程的干扰。充分发挥城市绿地、道路、水系的作用，通过雨水就地渗、滞、蓄，改变雨水直接排入自然水体的方式，减小地表水径流量，降低径流速度，限定雨流去向，减少城市洪涝压力。在一些滨海地区，通过保护滩涂、自然岛屿等，防止岸线及潮间带进一步被侵蚀，维持自然岸线的生态防洪功能。

③对现有生态系统的系统性保护和修复。雨洪韧性城市规划倡导遵循生态规律，以自然恢复为主、人工修复为辅，充分发挥生态系统的自我修复功能，适度结合人工技术，加强对河湖、湿地、水系等自然资源的保护和修复，增强针对性、关联性、系统性和协同性。优化产流过程，修复城市内河空间渠化和空间割裂的现状，增强雨水渗蓄功能，加强蓝

绿网络与周边道路的连通性，增加公共设施到达蓝绿廊道的便捷性和开放性。

④提升城市对雨水的蓄存能力。从景观尺度，将城市中现存的以及潜在的生态斑块、生态踏脚石等节点联系起来，加强自然水体、行泄通道、调蓄池、多功能调蓄水体、深层隧道等水系的相互连通。优先构建由城市内河水系、绿道、公园、雨水花园等组成的蓝绿网络。通过自然斑块的渗、滞、蓄、净等技术，分散城市积水，减少面源污染，净化水质。发挥下凹式绿地、生态植草沟、屋顶绿化、透水铺装等设施的调控作用，将碎片化点状蓝绿资源连点成网，串联具有滞留功能的雨水花园、生物滞留池，形成生态净化网络，削减径流对周边受纳水体的污染。利用成片的遮阴植被，吸纳温室气体及空气尘埃，改善空气质量，降低城市温度，削弱城市“热岛”“雨岛”效应，减少城市集中降雨的概率。

⑤模块化集水区。从“源头分散”和“缓慢排放”两个方面优化雨洪的排放通道，将汇水区合理分为若干较小面积的汇水单元，防止雨水因层层迭加而造成汇聚区排洪流量骤增。采用透水铺装、下凹式绿地、下沉式广场等措施，对雨水进行收集和利用，减少地表径流。倡导柔性界面的公共空间，将树林、湿地、草渠和河道等要素进行有机结合，增加雨水就地吸纳的概率。根据道路等级和周边地块汇水分区，预留冗余空间，结合带状公园等绿地对雨水径流量进行控制。

⑥绿色基础设施与灰色基础设施的有机结合。适当提升地下排水管网的建设标准，降低灰色基础设施对生态的不利影响。以不影响自然生态水文流动过程为重要前提，选择道路路径，统筹道路红线内和红线外绿地空间，在满足道路自身排放要求的同时尽可能兼顾道路周边地块的回水区域地表径流排放要求。从源头消减、过程疏导、末端治理等方面，减少城市开发与基础设施建设对地表的扰动，严格控制蓄滞洪区的使用，改善城市水生态环境，结合地形条件，在天然洼地集中布置雨水花园，减少暴雨洪峰径流量，实现对雨水的渗蓄、净化。在有条件的公共区间，尽可能采取透水地面铺装和提倡屋面植被。

⑦公共建筑。公共空间的选址要与水资源承载力相适应。公共建筑及周边的建筑不仅要确保自身功能的安全，而且要充分考虑周边汇水区内涝、污染和管线竖向等情况，承担一些周边汇水区域的径流。在公共

建筑之间，要通过人工水景储存雨水。当雨洪重大灾害发生时，公共空间能作为救灾空间。采用对街区组团开口、架空等技术手法，呼应周边河流水体。对产流空间自然渗透不畅、蓄洪功能不足的场地，增加具有自然植被的空间。协调城市用地与基底层自然径流的关系，竖向规划要与平面相兼顾，不仅要满足使用要求，还要满足雨洪安全和景观要求。对有条件的屋顶、墙体、建筑物立面、市政公用设施等处，因地制宜地进行立体绿化，采用绿色屋顶、绿色立面以降低雨洪的影响。

⑧立足社会经济和生态的多重效益。雨洪韧性城市规划不仅需要考虑当前的成本和经济效益，还需要考虑社会和生态的长期效益。根据城市生态系统的演进规律，遵循水文机理，依靠自然的力量，维持生物多样性和文化多样性，应对环境风险，优先利用自然营力进行排水。通过对生态资源的重组与有效利用，创造具有良好投入产出比，具有生态、社会、经济、文化和美学等多重效益，提升城市应对气候变化和城市发展的适应能力，促进城市社会、经济、生态的和谐发展。

表 2–3 综合总结了城市空间雨洪韧性规划的空间定义、空间特征、规划原则以及雨洪韧性技术措施。

城市空间雨洪韧性规划摘要　表 2–3

空间定义	空间特征	规划原则（指导思想）	雨洪韧性技术措施
城市空间指以城市居民生产、生活为主体功能的空间，包括工业区、商业区、住宅区、街道、医院、学校、公共绿地、写字楼、公共设施	·城市空间人口稠密，建设密度高； ·土地开发强度大； ·城市空间基础设施网络要素水平高； ·蓝绿空间破碎化程度高	城市空间以城市用地开发适宜性评价为基础，综合考虑城市定位、人口规模、资源环境、自然承载能力、区域协同、产业基础、交通网络、基础设施、发展趋势等因素。优化用地结构，保障基础设施和公共服务用地，实行土地的节约、集约、多功能利用，紧凑开发，精明增长	·采用紧凑型、集约式的城市土地布局； ·开发多功能的城市公共空间； ·引导生态节点向城市腹地延伸； ·提高城市绿色慢行系统连续性； ·塑造多样化的城市雨洪节点； ·设置模块化城市集水区； ·优化竖向规划与立体绿化； ·保障公共服务设施用地

2.6　滨水区雨洪韧性规划

以上详述了针对生态、农业、城市三大空间的空间特征，分别提出了这三类空间的雨洪韧性规划导则和雨洪韧性规划的具体技术措施。在海平面上升和雨洪灾害的背景下，考虑到三角洲滨水区是三角洲城市中富有特色的部分，应重点应对。因此，本章最后对滨水区雨洪韧性规划进一步予以分析。

2.6.1 滨水区特征分析

本章所指的滨水区包含临近堤岸的圩田、湿地、部分滨水市区，以及邻近水域的海岸线、河口、滩涂、港湾等。滨水区是生态空间、农业空间和城市空间的集合体，其中河流、湖泊、湿地、河口等属于生态空间，滩涂、圩田等属于农业空间，大堤和紧靠大堤的城市部分属于城市空间。

滨水区是雨洪灾害和海洋灾害发生的主要风险区，具有很高的脆弱性。受径流和海水潮汐的影响，滨水区水文情况在不同季节、不同时期存在较大差别。滨水区是保护城市雨洪安全的第一道防线。防洪大堤成为守卫城市安全的最重要的灰色基础设施。同时，滨水区又是城市社会经济发展的核心区域，是城市功能外延的辐射中心。滨水区在提升城市发展活力、改善地区环境、塑造地区形象方面具有举足轻重的作用，具有社会文化属性和自然景观属性。

水是滨水区的核心元素，它孕育了城市的文化和特色。滨水区的主要特点如下。

①滨水区具有海陆过渡型的自然基底。滨水区紧靠海洋和主干河道，是河流、陆地、海洋生态系统的汇聚区。口门地区受海陆交互影响最大，是生态敏感区和重要资源保护区。滨水区受海平面上升、洪水、岸线侵蚀、咸水入侵、风暴潮等灾害的影响更加严重，生物因素与非生物因素关系更加复杂，更具有开放性，更加多样化。

②滨水区部分地块是土地利用的黄金地段。特别是滨水部分的市区，由于便利的交通条件，集聚了大量的人口和产业，成为城市经济最发达的区块之一。由于交通系统发达，高端要素集聚，成为人流、物流、交通流、信息流等要素流动最繁忙的地区，既是城市的经济和金融中心，也是旅游休闲的重要区域，是城市对外开放的窗口。

当前，滨水区发展过程中也存在如下主要问题。

①大量填海开发造成环境问题。随着城市化的快速发展，对城市建设土地的需求量急剧增加，填海造田已成为城市建设土地的主要来源。快速城市化造成了地下水的大量消耗。部分大坝和河堤限制了河道行洪，禁锢水流，产生束水归槽现象，导致水位升高。在海洋经济驱动下，海水养殖、盐田和港口建设使海滩退化、红树林面积减少。港湾面积、纳潮量等因素的改变导致潮汐动力系统紊乱。海水入侵造成土壤盐碱化，

引起一系列土壤理化性质的恶化，生态环境单调。围海造地工程改变了滨海空间肌理和空间形态，生物栖息环境受损，已对海洋生态环境造成了巨大的影响。

②工程化的防洪（潮）大堤除了在雨洪灾害发生时起到抵御作用外，平时没有很好地发挥滨水景观资源的作用，造成资源浪费。高密度城区的护岸与局促的滨水区之间的矛盾削弱了滨水区的开放性。部分地区道路和建筑抢占滨水区，河岸空间狭窄，城市空间与河流空间割裂，阻碍了三角洲城市景观的渗透，无法提供多维度的复合生态系统服务。为了防洪（潮）而一味地提高大堤的高度，不仅耗费大量的人力、物力，增加了巨额投资，还导致城市滨水景观被阻隔。

③滨水老城区排涝问题与防洪问题十分突出。由于历史原因，滨水老城区地面标高偏低，部分道路标高高于街道地面，在极端气候（如暴雨期间）下，将导致街区雨水难以排入道路的排水管道。紧邻老城区的新建城区地面标高通常高于老城区地面标高，加剧了滨水老城区地面的内涝情况，临涌的民居大量挤占水域空间，形成了大量的消极空间，造成空间拥挤的现象。

2.6.2　滨水区雨洪规划要点

（1）滨水区雨洪韧性规划导则

基于特定的地理条件，滨水区雨洪韧性规划要科学地把握生态保护和发展的关系，强化对洪涝灾害的预防，以确保雨洪安全底线为指导思想，实施基于生态敏感性的紧凑型精明开发，采用适度冗余和适度超前的技术，提高海堤和主干河道的防洪安全标准，从单纯地依靠刚性大堤抵抗洪水为主，转向工程化与生态化相结合的防洪（潮）排涝系统，形成“大堤外防洪潮、大堤内防涝、水系调蓄”的多级防洪体系。

（2）滨水区雨洪韧性规划措施

针对滨水区的特点，滨水区雨洪韧性规划要把握好生态保护和发展的关系，倡导环境友好的开发模式，因地制宜地运用地域性、网络连通性、多样性、多功能、冗余性、模块化等雨洪韧性城市规划下的空间特征。

①优化滨水区蓝绿网络。加强海陆连通的空间网络建设，整合海陆资源，大力提高滨水廊道结构的完整性和滨水边界的连续性。通过利用

旧水道、增加新蓄水体、降低河床底部标高、扩宽河道、疏浚河床淤泥、还空间于河流等多种手段，增加河道的泄洪断面面积和主要河道的储水量，提高蓄泄能力，减轻洪水过境对周边城市的压力。加强驳岸、护岸、海堤、丁坝、湿地、沙丘、滞留地、防护林等多级防护措施，优化防洪排涝水系，构建海堤和主干河道的安全格局。

②立足环境保护。海滩资源的开发和利用要建立在确保雨洪安全的基础上。系统分析滨水区地势地貌、水文径流、口门环境，全面权衡围海、填海的工程选址对陆地空间和海洋环境的影响，充分论证可行性与必要性，禁止涉水工程对口门径潮流动力系统的破坏。对生态脆弱性高、自净能力弱的口门以及生物保护用地，要严格限制围海和填海。

③倡导基于自然的解决方案。以硬质防洪大堤为主，辅以沙丘、滞留地、防护林等措施，构建海堤和河道的安全格局。顺应三角洲河口自然动力，尽量让自然做功。对于海堤和主要防洪大堤，结合抛石驳岸和湿地景观设施，增强抵御海平面上升的能力。对于冲刷性河岸，采用生态补偿技术，适应水文过程，减少河岸受洪水的正面冲刷。对已被渠化的河道，通过生态工程技术和空间营造，根据水流的方向、速度、泥沙携带量、沉积规律等，采用自然材料并辅以工程措施，引导泥沙沉积。

④修复滨水区岸线。利用生态系统的自我调节与自组织能力，集成地应用传统生态智慧与现代工程技术，分类改造和恢复生态功能，充分发挥红树林在涵养水源、海堤防护和生态旅游等方面的作用。根据滨水区发展的阶段性特征，结合岸线历史演进、冲淤条件，遵循深水深用、浅水浅用的原则，预留泄洪的缓冲空间，提高承洪能力。优化河口湿地等生境，提高生态系统能级。

⑤加强滨水区建筑的雨洪适应性。城市内滨水部分人口密度高，居住和办公环境相对优越。同时，遭遇极端气候引发洪水的频率将提高。重视场地水系统在防洪排涝的调蓄作用，对地面标高过低而常年受淹的区域，在地势较低处开辟绿地或挖掘大型蓄水体，灾时容纳洪水，平时作为湿地或湖泊公园。要通过设置防洪墙等措施，有针对性地对医院、公共机构和化工危险品仓储等关键节点加以保护。

⑥优化以堤防、河涌、排涝泵站为主导要素的防洪（潮）排涝空间要素的布局。对于防洪排涝基础设施要适当冗余和超前，提升防洪排涝的标准。倡导市内滨水区分模块排涝，根据地形地貌、地表自然径流、土地使

用功能，对现状集水区进行细分，科学分配各个场地需要消纳的降雨量，实现由集中式向分散式的转变。以消除场地总蓄水容量与极端暴雨量之间的缺口、缩短潜在泛洪点到附近河涌的距离为导向，通过对雨水的模块化存贮、入渗、过滤、蓄流等措施，采用“调蓄 + 自排 + 抽排”等多种形式，减小集水区洪峰的径流量，延滞汇流时间，降低水涝的发生的概率。

⑦分类规划多功能堤岸形态。滨水区是形成城市标志性景观的最佳地段和特色展示区，具有重要的自然景观属性和社会文化属性。景观要素要融入规划全过程，体现自然与人文的交融，增强人与自然的亲密性和空间的通透性。依据不同岸线的功能定位，分类规划堤岸形态，优化不同岸线堤段的功能与堤防形态，使防洪（潮）大堤能够兼顾平时和灾时两种情况，充分利用岸线资源，使岸线不仅成为洪灾时抗击风暴潮的第一道防线，还成为平时对外开放的重要窗口，发挥其多功能属性。

表 2–4 综合总结了滨水区雨洪韧性规划的空间定义、空间特征、规划原则以及雨洪韧性技术措施。

滨水区雨洪韧性规划摘要　　表 2–4

空间定义	空间特征	规划原则（指导思想）	雨洪韧性技术措施
滨水区主要包括堤岸以内的部分、邻近水域的海岸线、河口、滩涂、港湾、湖泊、主干河道岸线等。它是生态空间、农业空间、城市空间的集合体	· 滨水区具有海陆过渡型的自然基底； · 滨水区是土地利用的黄金地段； · 城市滨水岸线采用硬质化的防洪大堤，缺乏亲水活力； · 滨水区中大量填海开发造成相应环境问题； · 滨水区老城区排涝问题与防洪问题并存	系统地整合海陆资源，理性把握好生态保护和发展开发的关系，实施基于生态敏感性的紧凑型精明开发，强化对风暴和洪涝灾害的预防，构建滨海发展带，拓展经济腹地，强化海陆联动。促进城市建设与生态系统的有机融合	· 保障滨水区蓝绿网络的完整性； · 立足于环境保护，切实推动社会经济的发展； · 倡导基于自然的解决方案； · 修复滨水区岸线； · 预留冗余缓冲距离； · 加强滨水区建筑的雨洪适应性； · 优化以堤防、河涌、排涝泵站为主导要素的防洪（潮）排涝空间要素的布局； · 重视场地水系统在防洪排涝的调蓄作用； · 融入滨水区的景观要素

2.7　本章小结

本章基于雨洪韧性城市规划理论，以海平面上升和雨洪灾害为背景，探讨如何将韧性理念贯穿并落实到多类型和多要素的城市规划中，阐述了雨洪韧性城市规划方法，分别研究了生态空间、农业空间和城市空间以及特殊区域——滨水区的空间特征和相应的雨洪韧性规划导则。针对生态空间、农业空间和城市空间和滨水区的空间特征，分别提出了更有针对性、更具操作性的空间规划策略和主要措施。

第 3 章

雨洪韧性城市规划实施指南

本章从实施指南层面，详细阐述雨洪韧性城市规划的原则、组织工作、技术路线，从目标确定、系统解译、系统预测、系统规划、三角洲城市检查反馈等环节阐述了雨洪韧性城市规划的流程，提出了以土地利用和蓝绿网络为韧性主体、防洪（潮）排涝为规划重点、分级分类进行规划的思想。本章旨在将前两章雨洪韧性城市规划理论和方法落到实处，为雨洪韧性城市规划提供实践指导。

3.1 实施原则

雨洪韧性城市规划要以“理论先导、整体关联、节点塑造、因地制宜、生态优先、自然筑底、文化引领，多元兼容、适度冗余、逐步演进”为手段，将底线性、鲁棒性、适应性作为城市规划的根本目标，确保城市面对雨洪扰动时以自身能力维持核心功能。

3.1.1 以雨洪韧性城市规划理论为指导

雨洪韧性的核心是强调在应对雨洪扰动时，使城市空间系统具有维持核心功能的能力。雨洪韧性城市规划是由相互影响、相互关联的各子系统按照一定的关系组成的具有特定功能的整体，系统的整体功能与各子系统功能密切相关，要系统地研究系统、要素、环境之间的相互关系和耦合机制，协调和优化相关规划要素，使各子系统服务和服从于整体系统，同向而行，实现城市面对雨洪干扰动时的鲁棒性和适应性，使之具有强劲的韧性。

3.1.2 将扰动作为提升韧性的机会之窗

城市规划能否达到抗干扰的预期效果，只有在扰动发生后才能得到检验，这就决定了雨洪韧性城市规划效果具有一定的不确定性。为此，要将扰动看作检验城市规划韧性水平的“机会之窗”，从应对扰动的经验中学习和完善方案，分析现有城市在应对扰动时的表现，了解现有城市规划的优势和劣势，深刻分析劣势的原因，研究改进的可能性，积累资料和数据。

雨洪韧性城市规划要善于从自身和世界各国应对雨洪灾害的经历中学习并吸取经验和教训，将应对灾害的自身经历和他人经验转换为进一步提升雨洪韧性的机会。通过主动学习，总结经验，将这种经验转化为进一步指导和改善城市规划的过程。雨洪韧性城市规划是一个动态过程，要在与专家和公众的讨论中，不断深化城市规划方案，激发灵感，提出更有针对性、更可行、更被公众认同的方案。通过学习、反省和修正，使城市规划方案不断完善。

3.1.3 以全面分析研究空间肌理为基础

雨洪韧性城市规划的目的是增强防洪（潮）排涝能力，协调好城市建设与生态之间的关系，提升城市空间对雨洪这一特定扰动的韧性。这就需要查阅大量历史文献资料，对规划对象进行定级分类与量化测度，全面分析和研究空间演进和水文机理，摸清主要风险点，构建详细的数据库，为未来空间布局提供决策依据（图 3–1）。

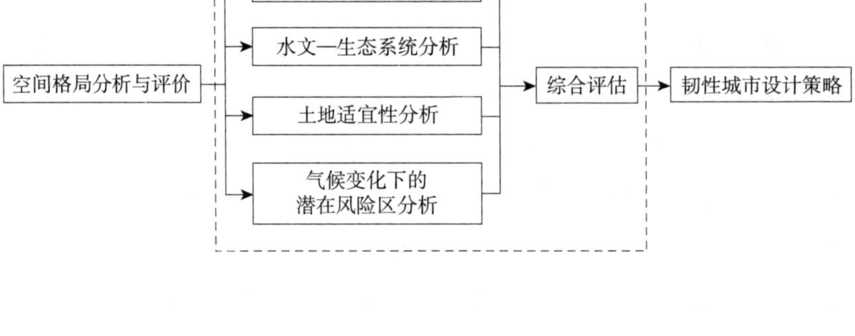

图 3–1 重点分析与评价内容

3.1.4　近、中、远期规划相衔接

未来的变化具有高度不确定性。对不同发展模式和不同风险程度下多情景的分析，有助于降低“不确定性”情景可能发生的概率。要结合地域特点，预测风险区域。通过多情景模拟分析，制定不同时期的城市规划策略，使近、中、远期规划和谐对接。

3.2　组织工作

雨洪韧性城市规划是在韧性思想指导下，集空间特征解译、空间特征评价、规划策略提出、规划语汇转化、规划方案成型等过程的空间形态生成过程。雨洪韧性城市规划的特殊性，决定了要统筹把握城市规划的重点。

3.2.1　构建多方参与的工作平台

雨洪韧性城市规划涉及社会、经济和环境等多个方面，具有多元要素和多重属性，因此，要建立多学科专家库，充分发挥各行业、各领域专家的多学科协同作用。规划工作要以政府为主导，具有严密的组织工作和科学的工作流程。

在雨洪韧性城市规划过程中，要跳出行政边界，建立跨尺度、有序的工作平台，通过会谈、工作坊、网络平台等，广泛听取不同利益者对于规划的建议，让各方利益者都能充分地表达自己的需求，让多方利益者能进行充分协商，让规划方案最大限度地体现大多数人的意愿，保证规划成果能够有效实施。

3.2.2　雨洪韧性城市规划的过程性

雨洪韧性城市规划要通过系统的组织安排，经过调研、分析、整理、方案比选、方案实施等多个环节，是一个连续动态的过程。各环节要加强协调，突出目标一致性，明确职责。根据规划时间长度和复杂程度，将规划分为近期、中期、远期。近期规划要以确定性和强制性内容为主，中、远期规划可以作为近期规划的测试。注重近、中和远期规划的衔接，合理安排时序，增强规划过程的科学性与有效性。

3.3 实施路线

雨洪韧性城市规划流程遵循“提出问题—分析问题—解决问题—评价反馈”的逻辑。本节提出的雨洪韧性城市规划实施路线如图 3-2 所示。

①收集整理资料。收集整理雨洪韧性城市规划相关文献资料和技术软件。文献资料包括行政分区图、地形图、遥感影像和地质环境、土地利用、经济发展、人口状况、社会民生、基础设施、城乡建设、航运岸线、产业发展、海洋、林草、湿地、矿产、生态环境等方面的基础资料，以及历次城市规划文件资料、相关部门的规划成果、审批数据。技术软件包括数据库、空间特征评估技术、多层模型分析、环境风险评估技术、情景模型分析、GIS、RS（遥感）系统空间技术分析、空间视觉化等。

②调研重点地区和部门。在对相关历史资料和城市规划资料进行研读、对相关案例进行深度剖析的基础上，专题调研重点地区和重点部门。通过现场踏勘、访谈、多方利益者协商、专题会议等方式，深入了解被城市规划地区的发展实际、现状空间、发展趋势、区域诉求，明确能最大限度地代表区域发展、为多学科专家所共识的焦点问题。

③系统演进动力解译。在明确城市规划尺度范围的基础上，基于对社会、经济、文化、生态区位、生态格局、微观要素、历史演进、现状空间格局的全面了解，重点分析空间肌理及环境特征，将空间信息图示

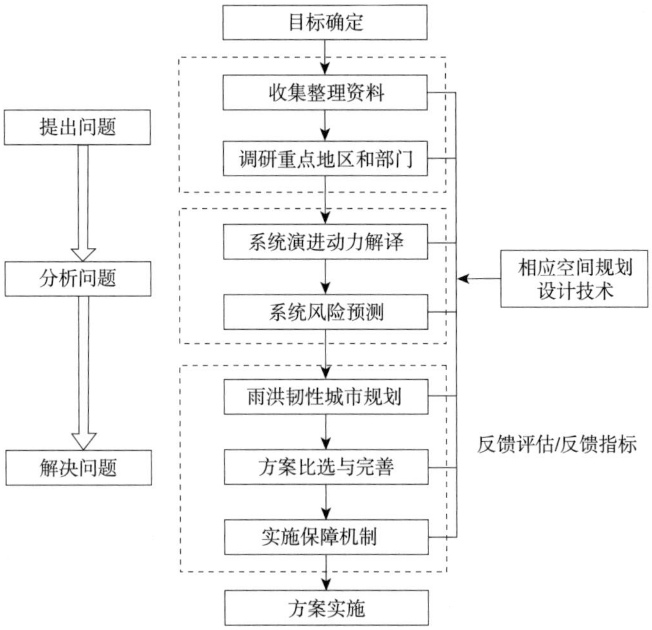

图 3-2 雨洪韧性城市规划实施路线

化，深化对城市规划对象的认识，提取能够表征系统运作的重要空间要素。系统解译旨在厘清历史、现状，构建表征城市空间系统的知识库。

④系统风险预测。风险预测是雨洪韧性城市规划工作重要的组成部分。雨洪韧性城市规划强调的是可承载基础上的发展。要将未来发展主要情景作为雨洪韧性城市规划的靶心，强调社会经济发展与生态之间的和谐。因此，在对因子进行全面分析的基础上，重点推演未来空间发展情景及扰动情况，确定雨洪韧性城市规划的目标。

⑤雨洪韧性城市规划。在综合系统解译与系统预测的基础上，确定规划编制指导思想、原则、技术路线、主要任务、专题设置、成果形式等。针对现状空间格局的问题与未来雨洪风险的挑战，明确发展主线，找准现有状况及制约未来发展的焦点，明晰关键控制要素对规划目标的驱动机理、响应速度和响应强度，剖析有可能实现雨洪韧性目标、具有重要意义的规划要素的组合方式及驱动机理，对空间要素进行提取并进行空间重构。雨洪韧性城市规划方案要突出系统性、协同性、底线性、前瞻性等属性，因地制宜地针对不同空间类型，应用地域性、网络连通性、多样性、多功能、冗余性、模块化的雨洪韧性城市规划措施。

⑥方案比选与完善。雨洪韧性城市规划是在韧性理念指导下持续调整的过程。对象的复杂性决定了规划方案要随城市发展而不断修订和持续完善，在实践中不断提高。将不同规划方案进行对比，吸收同类型或相近类型方案的优点，优中选优，不断完善方案，提升系统功能和结构的安全性和稳定性。

⑦实施保障机制。合理安排空间管控传导、区域协调联动及时序，选取可量化、可测度的指标对规划方案进行检测，进一步完善方案。

3.4　前导环节要点

3.4.1　目标确定

目标的确定对雨洪韧性城市规划十分重要，它是协调规划各子系统和各要素的总指针。雨洪韧性城市规划强调城市应对未来扰动的能力，使城市一旦受到雨洪扰动时，能削弱或吸收扰动，将扰动造成的损失控制在一定程度，依靠自身能力维持系统核心功能，使城市正常运转，并尽快进入新的稳定状态，提升城市对雨洪扰动的鲁棒性和适应性。

影响城市未来发展的因素众多。规划目标的确定需要综合考虑社会经济的发展和环境承载力，通过大量的调研、访谈、专题会议等明晰主要矛盾，提出既关键又能达成的目标。

3.4.2 系统演进动力解译

对规划对象现有状态及其演变过程的剖析既是城市规划工作的前提，又是论证城市规划方案可行性的依据。城市空间变化映射的是自然要素、基础设施网络之间相互作用的结果。要全面分析规划区域的自然、社会、经济、历史、空间肌理和空间格局，深刻剖析要素之间、形态之间、各层级之间、各子系统之间的耦合机制，提取对实现规划目标有重大影响、具备重要规划实施意义的要素。只有深入了解现有系统在达成目标时的差距，找准这种差距在某些方面的突出隐患点，才能使城市规划对症下药。

（1）全面分析系统演进

结合空间系统的历时性和共时性，从时间和空间两个维度解析空间要素的演变，寻找联系历史与未来的桥梁。在时间维度上，研究空间从形成到发展的生命周期，关注其与周围环境的联系与适应过程。在空间维度上，分析局部与整体的关系，关注其内在组织结构形式的变化。特别要重视生态系统演进，研究空间的生命周期、不同层之间的耦合关系，探索地区分层式演进的规律。

（2）全面分析空间格局及其组织要素

以自然基底为核心的城市空间格局是长期演化形成的，具有不可替代性和多尺度关联性，对于维持城市生态系统的健康与完整性、保障生态安全、实现雨洪韧性具有重要的战略意义。生态安全格局既是未来空间发展不可突破的底线，也是对韧性理念底线性与前瞻性的回应，是雨洪韧性城市规划的必然要求。

科学辨识基底及生态安全格局是城市规划的前提。雨洪韧性城市规划要跳出传统研究的线性、确定性和静态约束的框架，正视城市具有强不确定性扰动的现实风险，综合考虑生态安全格局和全域基础设施。要基于对水文流动、生态环境等空间要素的深刻理解，运用“源—汇—流”空间要素流动性原理，结合空间分析技术，综合分析空间要素流动过程的特征。通过对关键战略点的规划和挖掘潜力斑块，构建生态网络。通过对土地适宜性评价和潜在风险的测评，对特定区域的土地发展与保护作出判定，从而为区域空间结构和土地利用布局调整提供基础。

（3）辨识关键节点

土地承载力是基于特殊地理条件以及在近、远期发展需求下，能够保障城市系统底线的综合量化阈值。决定韧性城市土地承载力的因素既有自然资源支持力，又有社会经济发展的压力和气候变化等外部扰动。土地承载力分析要重点考虑生态门槛的限定因素。要从一般空间要素中筛选出对目标实现度关系密切、具有控制性的重点空间要素，作为雨洪韧性城市规划的关键性控制节点。通过规划关键性控制节点，优化空间组织和蓝绿网络，增强全域韧性能力。

3.4.3　主要情景预测

主要发展情景的预测是雨洪韧性城市规划的重要组成部分，包含信息收集、动因分析、创建情景和情景评估四个阶段。从现有发展条件和自然基底出发，深入研究城市的演进特点，探索未来发展趋势，将不确定的发展情景从“已知不确定性”“可以想象的不确定性”中分离出来。结合地域的自然条件、社会经济发展趋势、在区域中的地位等，从多种可能发展情景中识别主要发展情景，并作为城市规划的靶心，实施相应的韧性城市规划策略和技术。

根据历史上发生的雨洪灾害频率、灾损的可防御性、灾害造成的损失大小、原生灾害引发的次生灾害、灾后恢复时间等多种因素，对潜在雨洪风险的强度频次、抗灾能力进行预测，辨识空间脆弱点的类型、分布和损坏特征，为后续关键节点选择和相应韧性技术的应用提供科学依据。

3.5　雨洪韧性城市规划要点

雨洪韧性城市规划要体现雨洪韧性城市规划的思维特点，系统性、协同性、底线性、前瞻性地思考问题，结合场地特点条件，应用地域性、网络连通性、多样性、多功能、冗余性、模块化等雨洪韧性城市规划下的空间特征，以提升空间鲁棒性和适应性为核心。

针对情景主线，拟定雨洪韧性城市规划的尺度和分期技术指标，加强统筹协调，明晰能够回应情景主线的关键控制要素及目标实现的驱动机理、响应速度和响应强度，优化组合控制要素，根据对空间特征的理解，对多种空间属性进行优化匹配、分级和归类，有序组织空间功能，确定城市的空间布局，优化资源配置和区域性基础设施，实施雨洪韧性城市规划的措施。

3.5.1 分级分类规划

表 3–1 表示了不同层级下雨洪韧性城市规划的主要内容。

①宏观尺度要强调规划的整体性，关注大趋势。重点关注区域自然保护用地、各类土地适宜性、大型蓝绿网络连通性、海岸线及口门形态、水文生态战略选点。要从整体上保障生态优先，把握好形态与空间的关系，辨识自然环境的“源头—流动”要素，找准景观格局背后的重要廊道以及重要的生态源地。在尊重景观异质性的同时，寻找具有发展潜力的关键节点。对跨尺度的连续性基础设施要有一定的冗余。

②中观尺度作为联结宏观和微观尺度的中介，在遵循宏观整体性要

城市分级雨洪韧性城市规划主要内容 表 3–1

城市规划层级	应对气候变化的主要规划内容
宏观	·研究极端气候下灾害发生特点，评价气候变化导致的环境问题及其造成的潜在风险区；评估极端气候对土地利用、基础设施的影响； ·考虑城乡统筹、海陆统筹、生态保护、基础设施一体化；统筹水系网络、培育流域森林用地、涵养流域水系湿地； ·结合自然保护与土地适宜性评价，合理规划土地资源；规划自然区、农业区、城市区、滨海区的划分； ·优化三角洲蓝绿网络，在关键节点合理设置连通路径； ·禁止无序填海或缩小口门宽度，保护口门滩涂地，构建多级、多缓冲、多功能堤防岸线
中观	·落实宏观层级关于应对气候变化的韧性防灾要求； ·结合气候变化评估与未来城市发展需求，实施片区防洪（潮）排涝方案； ·结合片区特点，构建片区蓝绿网络； ·对重要的公共空间、滨海滨河岸线、不同类型用地提出相应的城市规划措施
微观	·分析气候特征对场地防洪（潮）排涝的影响，分析各集水区储水、导水量与未来气候变化降雨量之间的缺口； ·结合评估，规划场地排涝系统、堤防设施、水位调节； ·结合地形，对场地单元防洪（潮）排涝空间作出相应布局，对空间要素的把握和典型节点的营造，构建具有韧性的局部空间环境； ·合理设置滨河禁建线至各周边水系的距离

求的基础上，对宏观尺度的规划成果加以实施，夯实宏观整体格局。同时注重分类指导，指导微观层面规划，进一步落实空间多层级网络连通性要求。通过分类引导，将宏观尺度的灰、蓝、绿基础设施与微观层面的项目进行接驳。倡导土地混合利用，促进空间功能的转换，激发土地功能多样性。空间布局不仅要与当前时刻相适应，还要考虑到未来的变化趋势，适度超前和冗余，提供多样化选择。对可能受灾的区域预留一定可发展的应急空间。

③微观尺度应将宏观和中观的规划成果进一步精细化和具体化，将韧性理念通过具体的规划语言落地。加强各类型节点空间的多样性、多功能、冗余性及自组织性，保证重要控制节点与整体格局匹配对接，优化空间节点的土地利用、空间肌理、高程控制、堤岸规划等，将基于场所特征的建设技术落地，将多种功能有机结合，兼具系统社会、经济和生态价值，提高空间品质。

3.5.2　以土地利用、蓝绿网络为韧性主体

优化土地利用和蓝绿网络是雨洪韧性城市规划最核心的控制要素，以土地利用和蓝绿网络为韧性主体，通过对韧性主体的规划来实现对象的韧性。基于自然资源与土地适宜性的双评价结果，雨洪韧性城市规划要以合理的土地利用方式为基本骨架，对脆弱性高、韧性承载力阈值低的地区，要加强蓝绿基础设施建设，将蓝绿网络与城市空间相结合，创造一种自然导向的城市水循环过程。对于一些没有刚性约束的场地，在不影响土地主旨功能的情况下，可以根据实际情况适当予以调整。

3.5.3　防洪（潮）排涝为规划重点

三角洲河口洪涝灾害频发、防洪排涝系统脆弱，是典型的生态敏感地带。相比其他地区，防洪排涝系统不仅是构成三角洲河口重要的空间要素，也是未来城市发展的基本骨架。雨洪韧性城市规划要以防洪排涝系统为规划重点，在充分理解三角洲河口变化、水文环境的基础上，构建一个兼具鲁棒性与适应性的有地域特点的多层级、多样化的防洪排涝系统，外防洪水，内防水涝，为场地未来发展提供空间组织框架。

3.6 评估标准

雨洪韧性城市规划是以发展的眼光，以面对未来扰动时空间系统所具有的应对干扰的吸收能力、维持核心功能并快速恢复稳定的能力为导向，以地域性、技术性、艺术性、实践性、协调性“五性”为衡量雨洪韧性城市规划水平的主要指标。

地域性：雨洪韧性城市规划要从场地实际出发，深刻理解自然、社会和经济等多方面驱动力，立足自然基底，综合平衡自然基底和社会经济发展，与当地的社会、经济、文化和未来发展趋势相符合。

技术性：规划要体现雨洪韧性城市规划理论和方法，突出雨洪韧性城市规划的“两个能力和四个根本思维特性”，基于地域特点，广泛地应用雨洪韧性城市规划的空间特征。

艺术性：规划要与地域环境高度和谐，在满足雨洪韧性的前提下，传承文化，彰显地域的特色，提高城市空间品质。

实践性：规划要瞄准未来发展情景，适度超前，具有可操作性，方案能落实地。要突出前瞻性和特色，不断优化空间格局，提高规划的科学性。

协调性：规划要突出人与自然的和谐关系，将雨洪韧性城市规划的理念落实到规划的各个阶段和实施的全过程，与宏观整体格局相协调，并为下级尺度规划提供柔性对接界面。

评估要做到实时监测、定期评估和动态维护相一致。当评价结果与预期目标存在偏差时，以定性、定量、定级和定形等多种形式加以反馈，找出造成这种现象的原因，适当调整控制要素及相关组合，修正相应的规划，提升规划的韧性水平。

3.7 本章小结

本章从实施层面详细阐述了雨洪韧性城市规划的原则、组织工作、技术路线、规划流程，旨在将雨洪韧性城市规划理论落地，为城市规划提供实施指南。本章主要内容包括以下几方面。

（1）提出了雨洪韧性城市规划原则，即以“理论先导，整体关联、节点塑造、因地制宜、生态优先、自然筑底、文化引领，多元兼容、适度冗余、逐步演进”为手段，将鲁棒性、适应性作为雨洪韧性城市规划的根本目标，确保城市面对未来扰动时，以自身能力适应环境扰动和维持核心功能。

（2）从目标确定、系统解译、系统预测、系统规划、检查反馈等环节阐述了雨洪韧性城市规划流程。详细阐述了每一环节的要点。提出了“宏观突出整体格局、中观构建连通网络、微观细化落地”的规划要点。

（3）提出了衡量雨洪韧性城市规划的“五性”标准。规划不仅需要全局、全过程的大检查、大反馈，也需要不同阶段、局部过程性的小检查、小反馈。通过检查与反馈，不断调整方案，提升系统功能和结构的韧性。

第 4 章

珠江三角洲空间结构解析及应对雨洪风险时存在的问题

本章首先从区域定位、地理条件、自然灾害等方面对珠江三角洲概况作了介绍，重点对改革开放以来珠江三角洲的空间演进进行了解析，对未来极端气候下的雨洪情景进行了预测，分析了珠江三角洲现状空间面对强雨洪风险时存在的问题，以问题为导向，为下一章珠江三角洲雨洪韧性城市规划提供了规划背景。

4.1 珠江三角洲概况

4.1.1 区域定位

珠江流域形成于大约 34 万年前，它是青藏高原地质板块隆升的结果。自地质第四纪以来，珠江流域入海口经历了多次升降过程，地表大陆架上形成了大小不同的河道。泥沙的冲淤过程形成了如今的三角洲地形地貌。

珠江流域主要由西江流域、北江流域、东江流域及其他支流组成，横跨我国 8 个省级行政区，最终汇入南海。西江是大珠江流域的第一水系，发源于云南省曲靖市境内乌蒙山脉的马雄山，经贵州省、广西壮族自治区，至梧州汇桂江后流入广东。北江是珠江流域的第二水系，发源于江西省信丰县石碣村，从韶关流入广东。东江是珠江流域的第三水系，东江发源于江西省寻乌县，至龙川流入广东。

珠江三角洲位于珠江流域的末端入海口，周围由多层次的山地丘陵所环绕。地理位置位于北纬 23°40′~21°30′ 之间，是东江、西江和北江三大干流汇入南海形成的冲积平原，与东南亚地区隔海相望。

本书所指的珠江三角洲，含广州、深圳、佛山、东莞、中山、珠海、江门、肇庆、惠州、香港、澳门，是我国改革开放的先行地区，是中国重要的经济中心区域之一（表 4–1）[103]。

2018 年珠江三角洲主要城市基本情况　　表 4–1

城市	面积（km^2）	人口（万人）	人口密度（人 /km^2）	GDP（亿元）
广州	7249.27	1490.44	2055.986	22859.35
深圳	1997.47	1302.66	6521.550	24221.98
中山	1783.67	331.00	1855.724	3632.70
东莞	2460.08	839.22	3411.352	8278.59
佛山	3797.72	790.57	2081.696	9935.88
珠海	1736.46	189.11	1089.055	2914.74
肇庆	14891.23	415.17	278.802	2201.80
江门	9506.92	459.82	483.669	2900.41
惠州	11347.39	483.00	425.649	4103.05
香港	1106.70	739.20	6679.316	28453.00
澳门	30.80	65.70	21331.169	4403.16

（来源：笔者基于文献 [103] 整理绘制）

改革开放以来，珠江三角洲快速发展，已经成为世界知名的加工制造和出口基地，是中国人口集聚最多、创新能力最强、综合实力最强的三大城市群之一。2015 年，世界银行报告显示，珠江三角洲已成为世界人口和面积最大的城市群。三角洲总面积 11281km^2。目前，珠江三角洲携手香港、澳门，成为世界四大湾区之一。珠江三角洲整体土地利用格局如图 4–1 所示。

4.1.2 地理条件

珠江三角洲属于亚热带气候，年平均温度为 23~26℃。每年 6~10 月时常发生强台风与集中降雨。全年平均降雨量 1500mm 以上，年平均蒸发量为 900~1600mm。汛期（4~9 月）降雨量占全年降雨量的 80% 以上。多雨季节与高温季节同步，土壤肥沃，河道纵横，适宜耕作[104]。

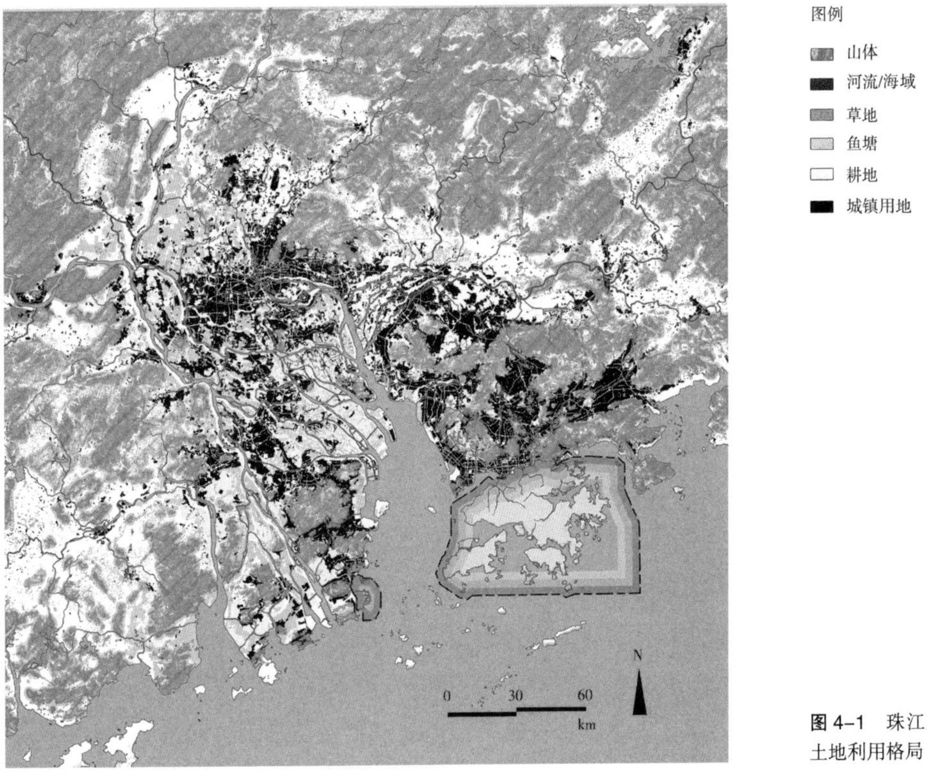

图 4–1　珠江三角洲现状土地利用格局

珠江三角洲的主体地质板块群以沉降为主，平均速率为 1.5~2mm/a[105]，如图 4–2 所示。历史上，中生代燕山运动形成了三组驱动珠江三角洲地质层的自然力：东北方向主要地质断裂带（市桥—新会、三水—罗浮山、东莞、五桂山北、五桂山南、深圳）、西北方向主要地质断裂带（西江、白坭—沙湾、萝岗—太平）、东西方向主要地质断裂带（广三）。这些地质断裂带控制珠江三角洲大陆架形成、地表轮廓线形状、海岸线演进速率、主要江河延伸方向以及软土沉积物分布。广州—从化断裂、三水—罗浮山断裂、西江断裂、白坭—沙湾断裂的活动性相对较强。受上述三组自然力的作用，珠江三角洲形成了斗门、顺德、万顷沙、新会、灯笼沙五个大型断块和番禺、五桂山两个大型隆块，其中斗门断块和番禺隆块活动较强[106]。

珠江三角洲的地形地貌由地质裂带、丘陵与平原组成，是以冲淤塑造的以北、西、东侧丘陵，内部平原，南部海域为主的流域，平原平均坡降 0.1‰~0.2‰[107]，东、西、北三面被山地、丘陵围绕，南面向海，呈马蹄形。有丘陵、台地、残丘等大小岛丘 160 多个。珠江三角洲海陆

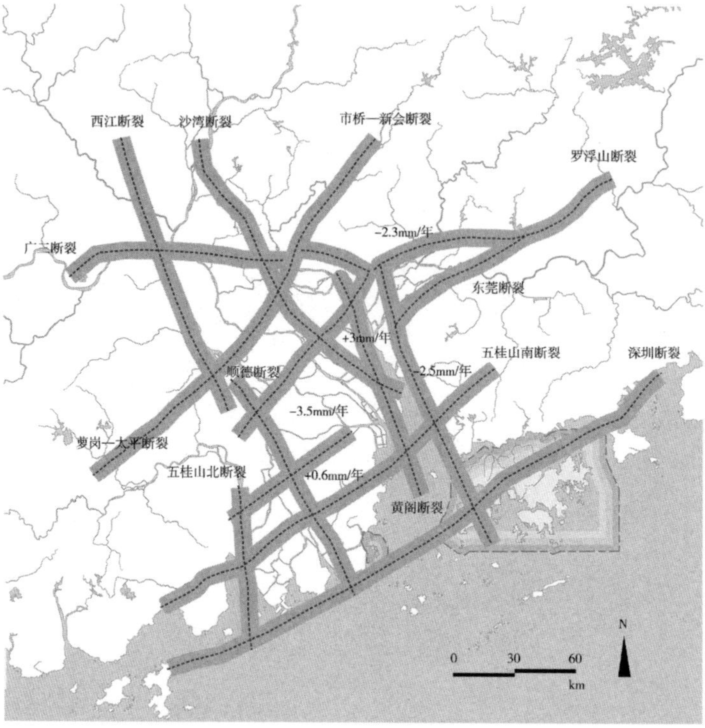

图 4-2　珠江三角洲沉降

作用强烈，新造运动活跃，侵蚀作用明显，是地形地貌环境的过渡带。珠江三角洲平原面积占总面积的 49.2%，是地形地貌的主体构成要素。

在北、西、东侧，平原、水网等有利条件为珠江三角洲早期农耕文明提供了物质基础。在南侧，由于整个珠江入海口岸近岸滩涂面积广，潮滩和现代水下岔道多，因此形成了星罗棋布的岛屿[108]。不同岛屿间冲淤动力较强，容易在海底形成侵蚀沟槽、洼地等海洋地貌。近年来，受围垦造地、港口建设、挖沙疏浚等人工活动影响，珠江入海口岸近岸地形地貌发生了较大的变化。

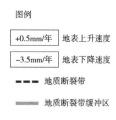

珠江三角洲软土层分布广泛，面积近 8000km^2，占陆地总面积的近 70%。珠江三角洲最老的土壤沉积年龄 4 万~6 万年，属晚更新世。如图 4-3 所示，珠江三角洲沉积厚度大多为 25~40m，最厚达 63m[109]。广三断裂以北的土壤环境较南侧更好，土壤结构以砾石和沙子为主，其颗粒大于 0.05mm，具有较高的土壤孔隙度，易于渗水。广州—从化和市桥—新会断裂之间的河流冲积地带为平原松软土与滨海软土过渡区，以淤泥和黏土为主，其颗粒小于 0.002mm，较难渗水。市桥—新会断裂之南的滨海软土区，为大面积、大厚度分布的淤泥软土层，土层地质条件较差，

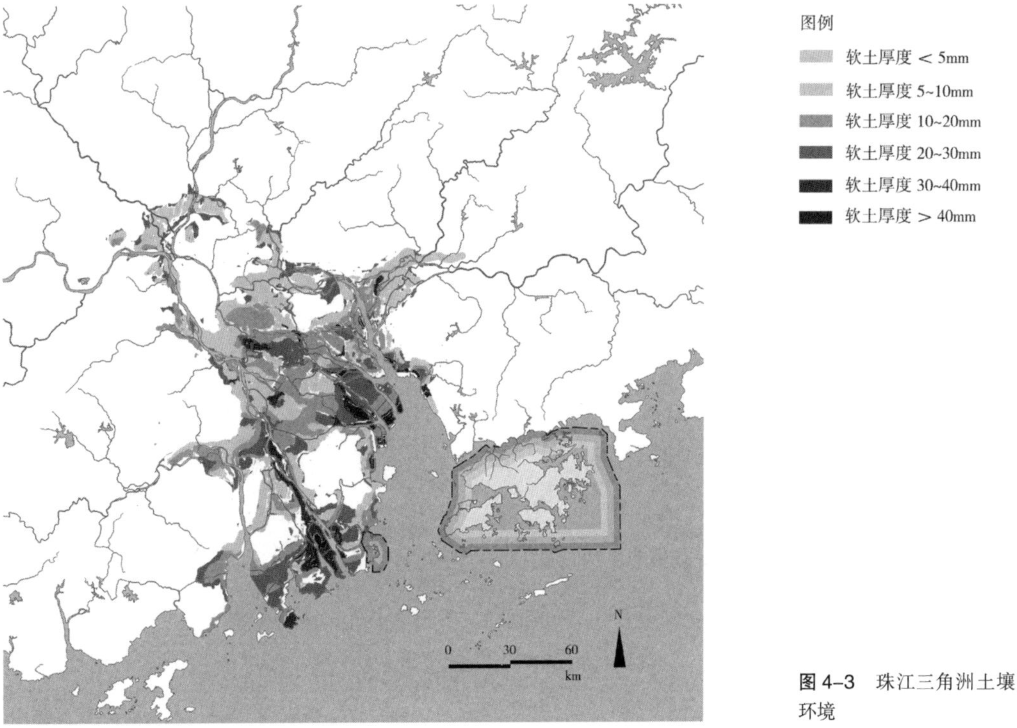

图 4–3　珠江三角洲土壤环境

天然含水量高达 66.7%~80.6%，多呈流塑状，具有触变性，极易发生地面沉降[110]。地下水流受到淤泥和黏土的阻力，导致地下水的溢出形成泉涌。这一现象尤其在佛山顺德、广州番禺南部、广州南沙、中山北东部、珠海西南部、深圳西海岸最为典型。

珠江三角洲的海岸线变化可以分为六个主要阶段：新石器时代（距今 5000 年左右）、秦汉（距今 2200 年）、唐代（距今 1400 年）、宋代（距今 1000 年）、明朝（距今 700 年）和清代（距今 300 年）。在前 4000 年间，珠江三角洲处于缓慢淤积阶段，每年造陆 0.3km^2。后 2000 年淤积速率加快，每年造陆面积由唐代的 0.55km^2 逐渐增长到如今的 1.78~2.41km^2。西江、北江的海岸线向伶仃洋方向推进速度为 32.5m/a，向磨刀门方向推进速度为 47.2m/a。东江的海岸线向伶仃洋方向推进速度为 13.4m/a[110]。珠江三角洲总体海岸线变迁如表 4–2 所示。

4.1.3　自然灾害

（1）雨洪灾害

珠江三角洲流域地形高差明显，城市地势低洼。受降水、洪涝以及

珠江三角洲海岸线变化 表 4-2

朝代	时间	海岸线位置	说明
新石器时代	距今 5000 年	荔湾（广州）、西樵（佛山）、石龙（东莞）	
秦汉	距今 2200 年	番禺（广州）、顺德（佛山）、东坑（东莞）	
唐代、宋代	距今 1400~1000 年	双水（江门）、九江（佛山）、乌沙（东莞）	图 2-8 中各图的海岸线以北为三角洲冲淤平原，以南为早期海域
明初	距今 700 年	南沙榄核（广州）、石歧（中山）、虎门（东莞）	
清代	距今 300 年	南沙万顷沙（广州）	

海平面上升等因素的影响，境内多条江河呈扇形汇聚，过境洪水压力大，暴雨汇流归槽明显，雨洪灾害是最常见且发生频率最高的灾害。

珠江三角洲于 1915、1994、1998、2008、2010、2018 年发生过六次特大洪水灾害，严重影响了珠江三角洲城市的发展[111-112]。根据珠江三角洲河流水文的特征，当上游出现 50 年一遇洪峰流量时，腹地水网区局部河段或下游入海口可出现 100 年一遇甚至 200 年一遇的洪水位。1994 年特大洪水导致番禺西樵堤等堤围崩溃，造成中山市内深达 1m 多的内涝，中山、顺德、南海、广州等地因内涝直接经济损失约计 20 多亿元。1998 年珠江三角洲部分河道出现超 200 年一遇洪水。2010 年珠江三角洲降持续 20 多天的特大暴雨。受暴雨影响，广州市越秀、海珠等 8 个区、102 个镇受水浸，中心城区 118 处地段出现内涝水浸，造成交通堵塞、商铺受淹。2018 年台风“山竹”过境，导致南沙、中山、东莞等地均出现了历史最高水位，造成多处决堤现象，淹没良田及高端住宅区多处[109]。

（2）台风灾害

珠江三角洲位于太平洋西岸，极易受到热带气旋的袭击，不仅台风灾害发生的频次高、强度大、受灾范围广，而且由台风灾害引起的并发自然灾害发生的概率高。据统计，1949~2017 年，共有 135 个热带气旋登陆珠江三角洲，且强热带风暴、台风占全部登陆热带气旋的 61%，广东全省 80% 以上的县、市均曾有热带气旋登陆，造成沿海地区大量建筑物倒塌，大片农田被淹没。台风灾害引起潮水暴涨、海水倒灌，使土地盐渍化，淡水资源被污染。

（3）海洋灾害

近 40 年来，由于经济的高速发展和城市人口密度加大，一些急功近利的开发项目导致了严重的资源衰退和生态失衡，海洋环境污染问题越来越严重。水质富营养化严重，导致赤潮灾害频发。珠江口至大亚湾一带灾害性赤潮更加频繁。

（4）地质灾害

珠江三角洲地形地貌非常复杂，既有山地型地质灾害（崩塌、滑坡、泥石流等），又受平原地质灾害（地裂缝、地面沉降等）的影响。珠江三角洲的地质灾害分布范围广、突发性强、破坏性大。1994~2009 年，珠江三角洲共发生 98 次地面塌陷、30 多次地面沉降，严重影响水电管网等基础设施的安全。人类对自然资源的过度开发、过度利用地下水是造成各类地质灾害频发的主要原因。

综上所述，表 4–3 显示了珠江三角洲遭受的极端气候种类及其影响。

珠江三角洲主要自然灾害及其影响　　表 4–3

自然灾害	发生频率	孕灾因素	灾害造成的影响
雨洪	极高	·强降雨、风暴潮、灾害性巨浪和海平面上升； ·防洪（潮）排涝基础设施防洪排涝标准不足； ·下垫面类型不易于洪涝及时下渗，地下水位高	·海水入侵，淡水资源变少； ·对陆地造成侵蚀和淹没； ·潜在的城市人口外迁； ·市政及防洪基础设施遭受巨大压力； ·巨大的生命财产损失
台风	高	·特殊的地理位置导致热带海洋与空气对流作用生成台风； ·喇叭口湾区形态更容易导致台风登陆； ·地势低平，缺乏抵御台风的自然屏障	·电力、供水中断； ·洪水大风造成交通瘫痪； ·巨大的生命财产损失
海洋	中	·海洋过度开发，无序填海； ·红树林等被破坏； ·能够过滤污染物的植被日渐减少	·海岸线生态多样性被破坏； ·海岸线维护费用增加； ·赤潮现象，海岸盐碱地增加； ·大量沿海渔业产遭受污染
地质	中	·特殊的土壤条件、地质环境，以及处于环太平洋地震带； ·城市众多，人口密度较大； ·防灾避难场所不足，有效疏散路径不连通	·地质灾害对农业、建筑适宜性开发范围产生约束； ·对高密度现有道路、建筑的造成不可逆的破坏； ·造成水土流失、河道拥堵、景观破坏

4.2　珠江三角洲空间结构解析

4.2.1　空间格局

珠江三角洲是由西江、北江、东江与珠江组成的三角洲。西岸由径流和潮流形成，东岸由海潮堆积泥沙形成。图 4–4 是珠江三角洲近海现状空间格局。可以看出，在珠江三角洲八大口门近海处有大量的滩涂地，距离海岸线平均 2km 左右。西岸四个口门较东岸四个口门滩涂地面积更大，冲淤情况复杂。伶仃洋已形成了“三滩两槽”的海洋三角洲格局，从西向东分为西滩、西槽、中滩、东槽、东滩。珠江三角洲海陆相作用强烈，冲淤作用明显。几千年来，珠江三角洲海岸线不断向南海推移。海岸线推移速度与海平面升降、人类活动密切相关。人类建堤筑围、围垦填海、占用海洋资源等活动，影响了河流径流和泥沙堆积速率，导致珠江三角洲入海口水流速度升高、淤积加快。平均每年造陆速度由唐代（约公元 600~900 年）的 0.55km^2 逐渐增长到如今的 1.78~2.41km^2。唐代以来，西江三角洲子流域向黄茅海、磨刀门方向造陆的平均速度为 27.4m/a。宋代（约 950~1300 年）以来，西、北江子流域向伶仃洋方向造陆的平均推进速度为 32.5m/a，向黄茅海、磨刀门方向推进速度为 47.2m/a。东江子流域向伶仃洋方向造陆的平均推进速度为 13.4m/a。珠江三角洲大型山脉主要集中于外圈，是保护珠江三角洲城市群的生态屏障。北、西、东侧生态廊道纵横交错。生物多样性丰富，是国际候鸟迁徙停歇的中转站。南侧有滩

图例
滩涂地（0 ~ -1m）
滩涂地（-1~ -2m）

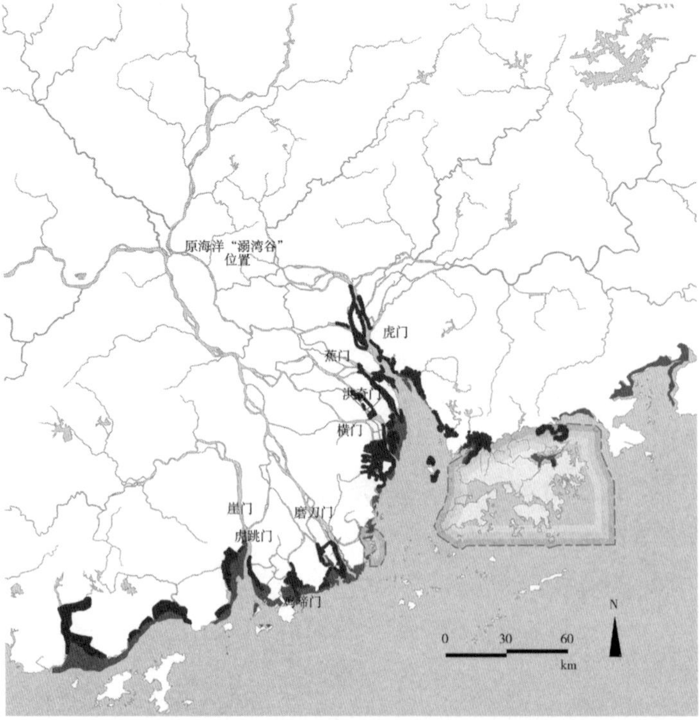

图 4–4 珠江三角洲近海现状空间格局

珠江三角洲八大口门重要指标对比　　**表 4-4**

项目	东四门	西四门	总量
年径流量（亿 m^3/ 年）	1742	1518	3260
占总量（%）	53.4	46.6	100
年输沙量（万 t/ 年）	3389	3709	7098
占总量（%）	47.7	52.3	100

（来源：笔者整理文献 [114] 数据后绘制）

涂地、红树林植物群。红树林植物根系加速了口门淤泥沉积作用，形成了生态滩涂和湿地系统，尤其以香港米铺、深圳西岸居多。珠江三角洲西江、北江流域有主要水道近 100 条，总长 1600km，河网密度平均为 0.81km/km^2。东江流域有主要水道 5 条，总长 138km，河网密度平均为 0.88km/km^2 [113]。珠江三角洲八大口门重要指标对比如表 4-4 所示。东四口门冲淤情况如图 4-5 所示。

交通网络以广州、深圳为中心（图 4-5），呈现向中心城市和关键城市群集聚的态势。中心城市与周边城市之间交通联系密切。内圈层尤其是珠江口岸的交通网络密度较高，而外圈层交通网络密度相对薄弱和分散。各大城市中，广州、深圳和珠海的交通发展以自身城市发展为主要动力。佛山与广州实行同心圆式“广佛”同城，交通系统与广州基本连成一个体系。东莞受广

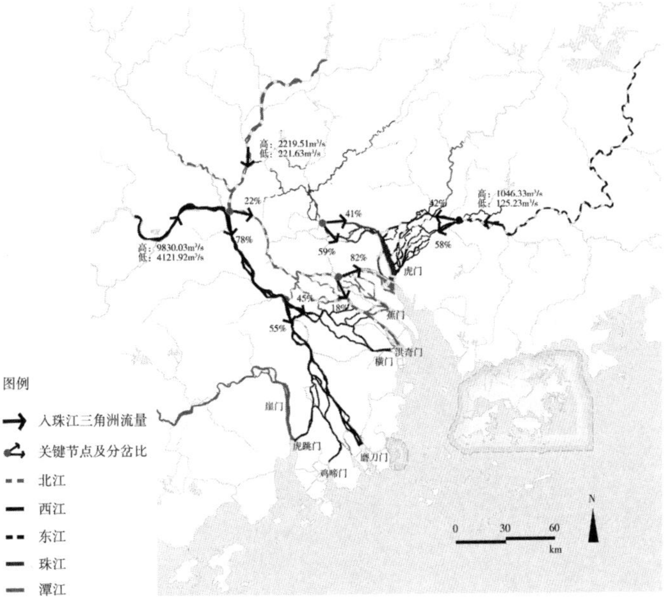

图 4-5　珠江三角洲蓝绿网络及交通网络

州和深圳的影响较大，中山受广州和珠海影响较大。惠州、江门和肇庆依托地形形成了网格式路网。珠江三角洲目前有 4 条大型的横跨东西两岸的通廊。高可达性区域在珠江三角洲内圈层，尤其是珠江口岸。肇庆、江门和惠州位于珠江三角洲边缘地带，可达性相对分散。

4.2.2 高程分布

利用数字高程（DEM）分色技术，图 4–6 给出了三角洲整体高程分布情况。总体而言，珠江三角洲平原地带有两条重要的等高线，分别是以珠江基准面为参照标准的 2m 和 5m 等高线。0~2m 地带主要涵盖西岸的佛山顺德、广州番禺、中山小榄，中心区的广州南沙，东岸的东莞等地，地貌特征以河流—海洋冲击交互为主，土壤较软，土壤盐分高，地表水丰富。2~5m 地带主要涵盖珠江三角洲中部地区，包括佛山南海、广州主城区、深圳主城区等地，地貌以河流泛滥沉积为主，部分被河流切割，河道土质良好。5m 以上土地形成较早，主要涵盖珠江三角洲西北部、东岸外沿区域。

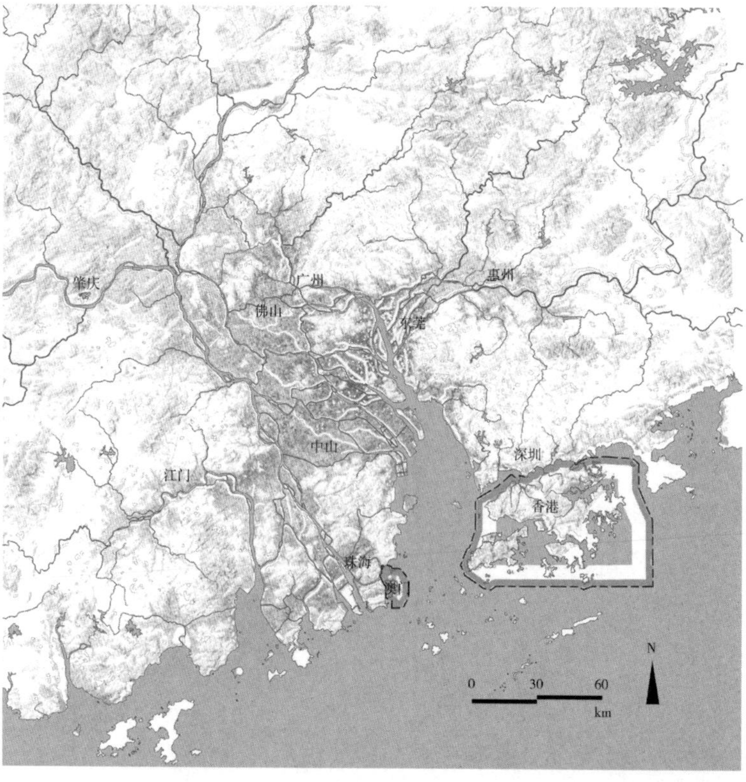

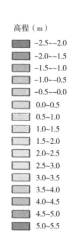

图 4–6 珠江三角洲流域高程分布

4.3　珠江三角洲空间演进

4.3.1　1980 年以前

1980 年以前，珠江三角洲的土地利用以生态空间和农业空间为主；珠江三角洲农业空间以耕地和鱼塘为主。桑基鱼塘成为珠江三角洲乡土农业的特色景观，具有调节水分、蓄洪排涝的作用。基塘是古时期珠江三角洲一种特殊的土地利用方式，是一种半湿地、半人工化的生态系统。通常将有水低洼地称为“塘”，塘旁边的地称为“基”。

珠江三角洲农业空间的基塘结构的形成与发展和圩堤修建密切相关。圩堤始于唐朝时期，是珠江三角洲特有的农业空间安全防御要素。这一时期大量低洼地未得到利用。为远离水患，居民点聚居于高地附近。为保护农业，一些矮小和零星的圩堤开始修建。到了宋朝时期，由于中原战乱，大量具有水田耕作和低洼地开发经验的移民迁入岭南，给垦荒带来了重要技术力量。新移民们向珠江三角洲东南开垦了更多的低地，并在唐朝圩堤建设的基础上，开始了规模化的圩堤建设。他们沿江修建圩堤。圩堤数量以西江沿岸最多，其次是东江和北江。大规模的圩堤修建大大提升了低地开垦速度，农业面积大幅增加。元朝时期以加固原堤、连堤成线为主，新增修筑的圩堤主要集中在西江、北江两岸。先民们将历史上分散的、不连续的圩堤连成一条完整的堤线，大大提高了抗洪能力，保障了农业和城市系统安全。低地开垦、加固原堤和连堤成线的做法进一步固定了河床。水系流速增加，携带泥沙量增加，导致上游更多的泥沙开始向下游新生沙滩处堆积。

明朝时期是珠江三角洲历史上筑堤、低地围垦规模最大的朝代。新圩堤以石换土和改修石坡，大大缩小了圩堤与主干河流的空间距离。塘鱼和蚕桑养殖开始结合，开启了珠江三角洲近 400 年的桑基鱼塘的乡土景观。到了明朝中后期，已出现了大规模的农业土地开发和耕地、鱼塘围垦。空间位置上，桑基鱼塘从西江和北江沿海的南海、小榄、顺德、番禺、新会等地拓展至东江沿岸的东莞、增城和北江沿岸的清远等县。由于港口交通的便利，广州也成为珠江三角洲流域的中心，是我国当时唯一的对外通商口岸。16 世纪后，澳门成为西方文化经济输入中国内地的桥头堡。

清朝时期，随着人口的进一步扩张，圩堤修建已经扩散到了整个珠江三角洲。堤围遍布于珠江三角洲各地。对外贸易又进一步推动了珠江三角洲蚕桑业的发展和河口围田垦荒。鱼塘主要集中于顺德、小榄以及西江、北江交界处等地。同时，近海地带的潮田也开始修筑堤围进行圩田开发。口门附近，番禺南部、磨刀门和横门一带也增加了石砌堤围。珠江三角洲流域从自然型三角洲转变为工程型三角洲。1840 年鸦片战争后，香港成为西方技术、商品输入中国内地的枢纽。珠江三角洲从以穗澳为中心转变为以穗港为中心。广州成为工商业、贸易、金融中心和交通枢纽的综合性经济中心。

图 4–7 是珠江三角洲空间演进图，其空间分布反映了特定历史时期的“人—地”关系，有助于理解珠江三角洲 1980 年以前空间结构的演进状况。

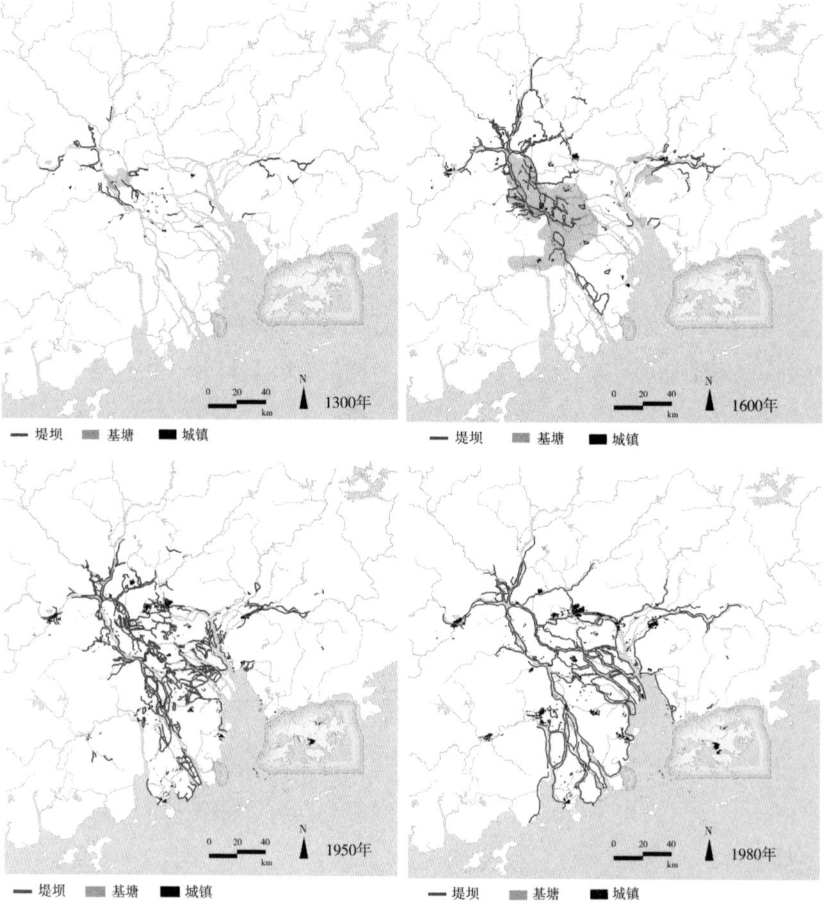

图 4–7 1980 年以前珠江三角洲空间演进
（来源：笔者整理文献 [115]、[116] 数据后绘制）

4.3.2　1980 年以后

自 1978 年改革开放以来，产业和交通极大地改变了珠江三角洲城市空间结构的发展方式，大量桑基鱼塘农业用地转变成为城市建设用地，传统基塘和水利导向的空间结构形式呈现消退趋势。改革开放初期（1980~1995 年），珠江三角洲利用地缘优势，充分吸收香港、澳门的资本和技术。外向型加工业与深圳、珠海经济特区的迅速发展，带动了一批中小城市的崛起。改革开放中期（1995~2005 年），珠江三角洲进入了快速城镇化阶段。全域内圈层城市建区已连成一片，东、西翼城市发展轴已基本成形，大都市连绵区的雏形已出现。2005 年之后，在产业适度重型化、高技术化和交通网络化等因素驱动下，全域城市空间结构由腹地向沿海发展，跨海格局逐渐成形。

如图 4–8 所示，珠江三角洲的城市空间以广州、深圳、珠海为区域

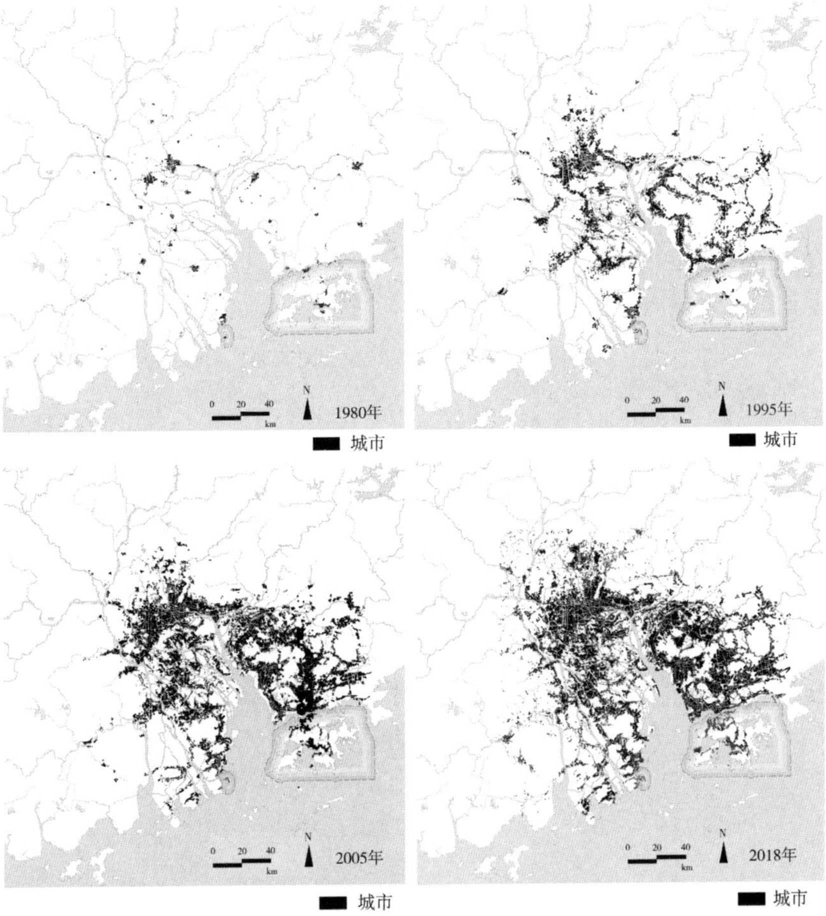

图 4–8　珠江三角洲城市系统格局演进

中心，带动重要城市节点的发展，形成众多的增长点。1980年以后，随着深圳在全域的地位不断得到提升，形成了“广州、深圳”双中心格局，出现了两个主要增长极（广州—深圳、广州—珠海）。此后，城市空间向区域一体化和多中心网络化格局演进。通过“广州—佛山—肇庆”“深圳—东莞—惠州—香港”“珠海—江门—中山—澳门”3个都市圈建设，推动了珠江三角洲区域一体化发展，形成了“广州—佛山—肇庆”同心圆形态、“深圳—东莞—惠州—香港”滨海线性形态、“珠海—中山—江门—澳门”散点蔓延的空间特征，并形成了东部、西部、北部、南部发展轴。其中，东部有以广深高速、广深沿海高速为核心的城市群发展轴；西部有以环线高速西线、新台高速、广珠高速、广澳高速等为核心的城市群发展轴；北部有以环线北线、广佛肇高速、广惠高速等为核心的发展轴；南部有以沿海高速、粤港澳大桥、深惠滨海高速、深中隧道等为核心的发展轴。四条发展轴连通了珠江三角洲所有核心城市节点，承担了大量社会经济流动与发展的功能。在产业布局方面，已经形成了东岸以电子信息为主导的高新技术产业，西岸以重型化为特征的装备制造产业的格局。大型公共服务设施主要聚集在广州和深圳两个核心城市。

随着城市建设用地的大量增加，土地存量日益下降。2018年，深圳、东莞、中山的开发面积已经超过30%警戒线。图4-9是珠江三角洲蓝绿系统格局演进。珠江三角洲蓝绿空间与城市空间从相互依存关系逐渐转变为“相对掣肘”的局面，大规模城市用地使得破碎化区域由内向外圈进一步扩展，鱼塘/湿地面积逐渐变小，形态破碎。1980年以前，西江、北江、东江与珠江成为引导蓝绿空间格局的基本骨架，外圈湿地空间能够较好地为内圈蓝绿结构的发育提供稳定的水源和肥沃的土地。伴随城镇化的快速发展，连接内外圈的大型鱼塘/湿地斑块逐渐变小，蓝绿空间网络演变的秩序逐渐在城镇化改造过程中被瓦解。内圈鱼塘、湿地空间自然秩序逐渐为人工化所取代。内圈蓝绿空间的自然秩序开始失衡。近海各大口门处已开始拥堵。

图4-10为珠江三角洲蓝绿系统重要指标变化。

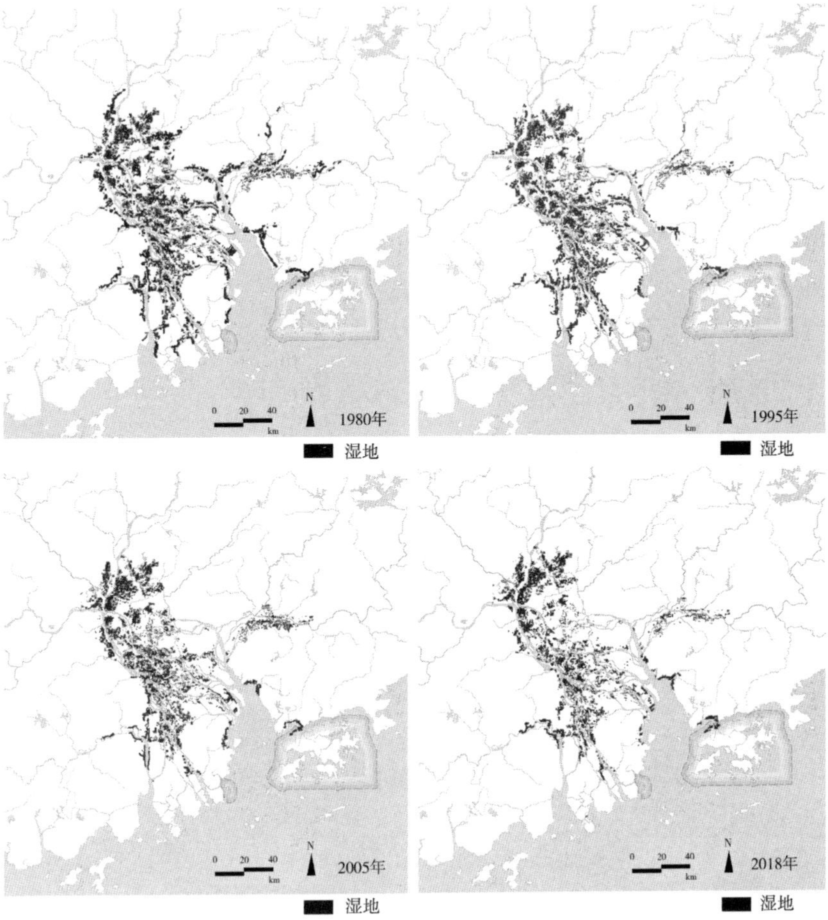

图 4-9　珠江三角洲蓝绿系统格局演进

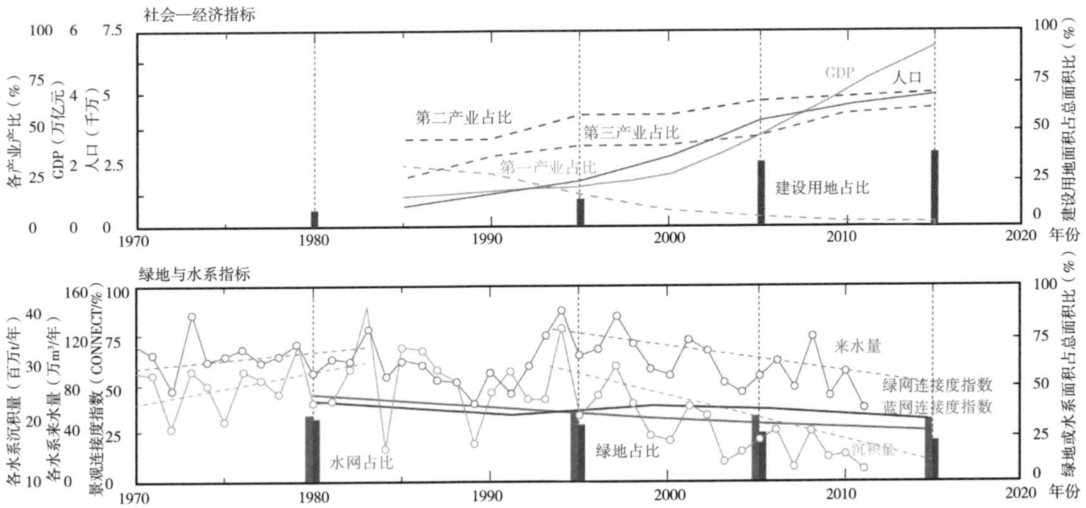

图 4-10　珠江三角洲蓝绿系统重要指标变化

4.4 珠江三角洲片区空间演进

4.4.1 西岸上游片区

位于西岸上游片区的广州、佛山、肇庆都是历史名城，在长期的发展历史中形成了众多的卫星城市，人口条件、产业和基础设施等具备快速发展的能力。该片区城市空间结构的主要特征是“圈层蔓延”与“十字”放射网络。在该片区中，城市连片发展，空间密度具有明显的圈层效应。空间结构表现为明显的多中心、同心圆扩展模式（图 4–11）。

西岸上游片区的南海、顺德、番禺等区，由于建设范围扩大，造成果园、绿地、生态基围大面积减少。受河床采砂、联围筑坝等区域性工程的影响，北江、西江上游地带的分流、分沙比在思贤滘口发生了较大变化，进一步加重了区域水土流失的风险。从白云山、帽峰山、大南山、西部山群到珠江、北江，一些原有的大型生态水文廊道被支离破碎（图 4–12）。

西岸上游片区蓝绿系统与城市系统指标演进如图 4–13 所示。

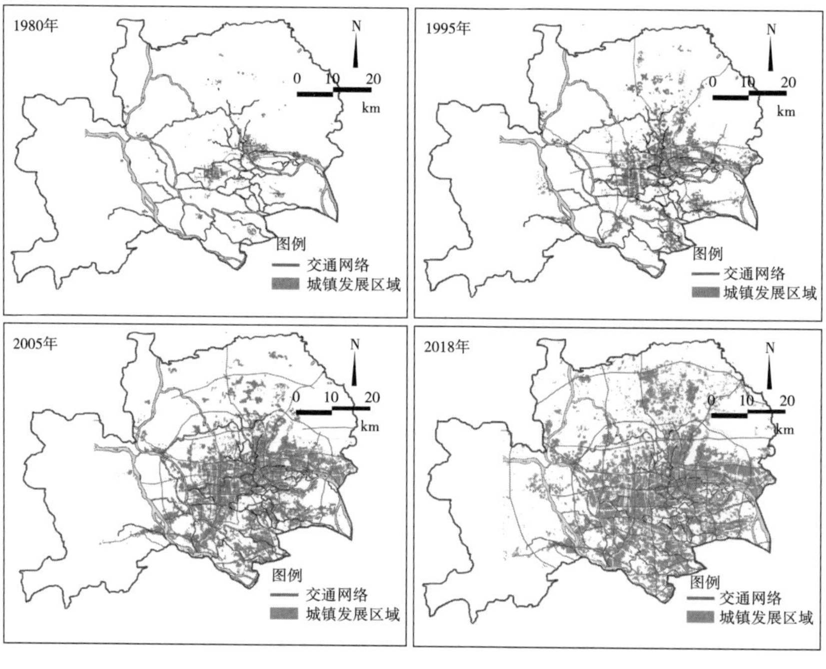

图 4–11 西岸上游片区城市系统演进

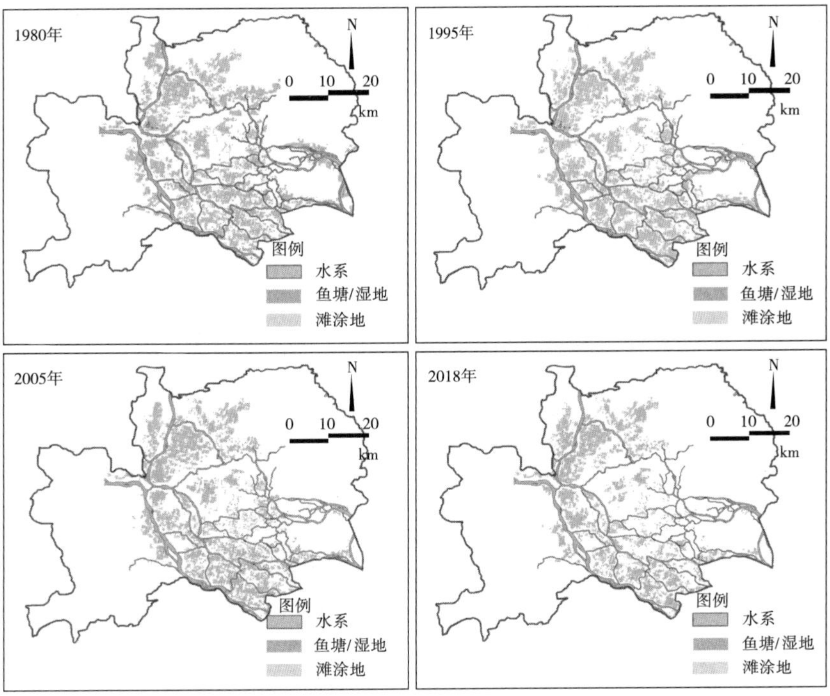

图 4–12　西岸上游片区蓝绿系统演进

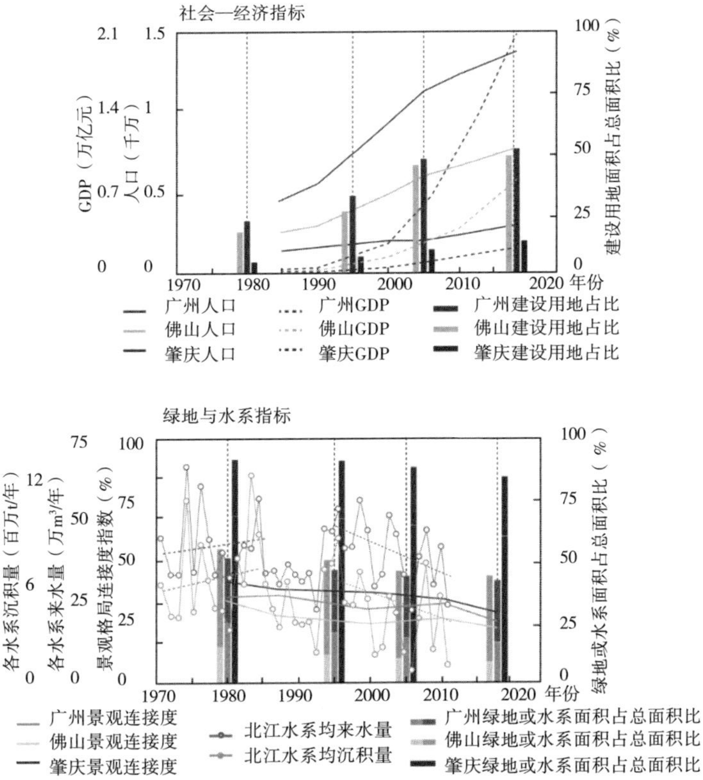

图 4–13　西岸上游片区蓝绿系统与城市系统指标演进

4.4.2 西岸中下游片区

西岸中下游片区城市的扩张速率一直小于其他几个片区。珠海市由于主导产业经历了商贸业、旅游业、房地产业、工业等多次转变，导致在一些时期发展势头不强。中山市虽然乡镇企业发展较猛，但城市空间主要围绕产业厂房建设，中心呈点状蔓延，协调性较弱。江门市受乡镇产业自下而上的发展模式的引导，目前已形成了大量以专业镇为依托的组团化分散形态。整体格局没有主要轴线的引导，具有较强的随机性。该片区的城市空间结构总体呈“多点分散”的特点（图 4–14）。

西岸中下游片区水系繁多，毛细支流密布，径潮流动力交替现象显著。西江和北江周边的森林、草地、果园、水系等生态用地被大量城市建设占用，是蓝绿网结构破碎较严重的区域。西南岸线围海造陆，海岸格局破碎程度较高，影响了径流和潮流动力及海洋生境的自组织恢复功能。磨刀门、鸡啼门等口门填海现象比较严重，浅海区持续外移，口门变得缩窄（图 4–15）。

西岸中下游片区蓝绿系统与城市系统指标演进如图 4–16 所示。

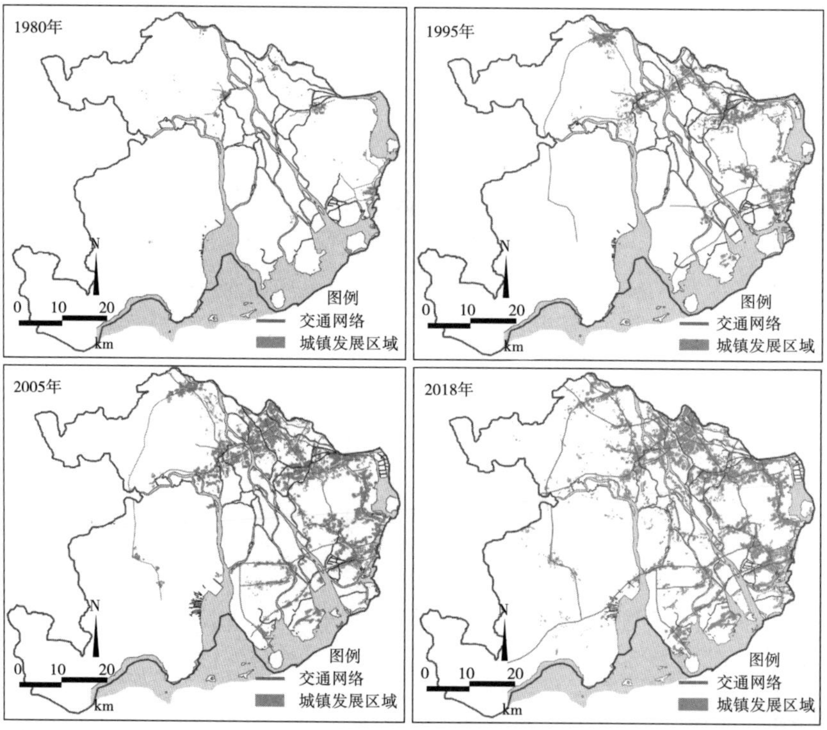

图 4–14 西岸中下游片区城市系统演进

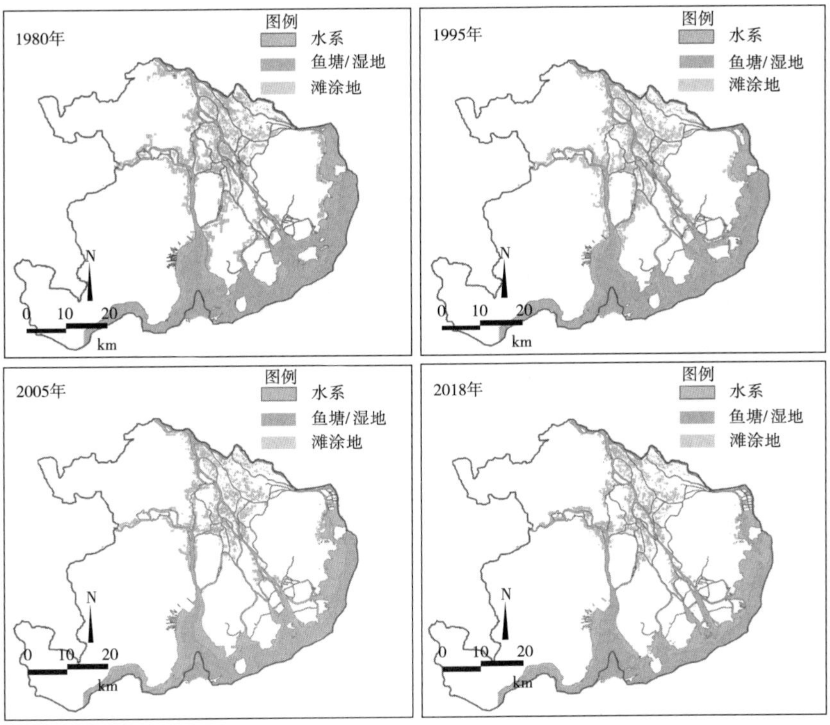

图 4–15　西岸中下游片区蓝绿系统演进

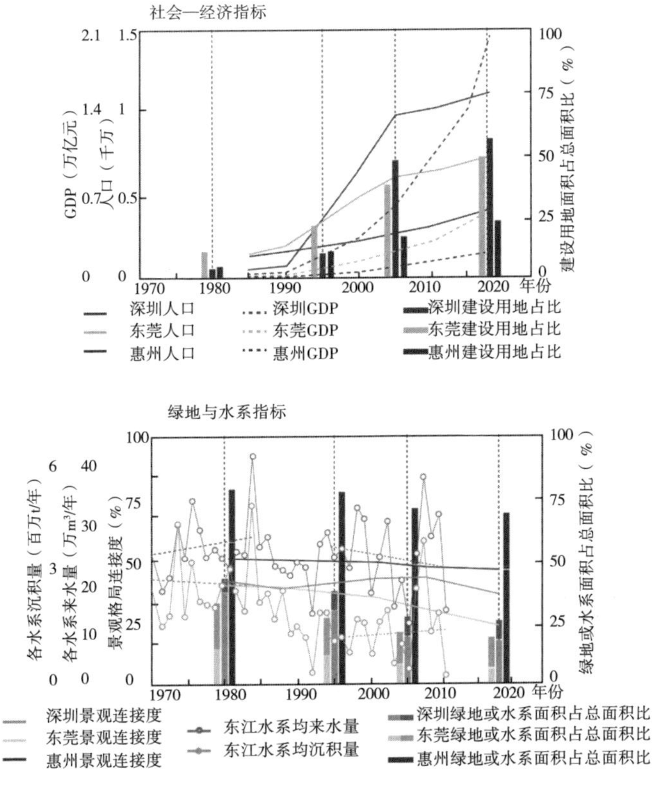

图 4–16　西岸中下游片区蓝绿系统与城市系统指标演进

4.4.3　东岸片区

东岸片区在改革开放初期基础设施条件相对薄弱。因此，政策开放、政府规划调控在该区域空间发展中发挥了重要的作用。在“引进来”“三来一补”等政策驱动下，深圳很快成为区域发展的中心向外辐射。东莞则顺势承接了深圳和香港发展中心的辐射影响。大量工业、制造业的崛起，使其社会经济中心不停地向东岸转移。该片区城市空间结构总体以“带型放射”与“蔓延填充”发展为主，形成线形的空间发展格局（图 4–17）。

东岸片区的自然地形条件对片区空间发展具有很大的限制作用。与其他片区相比，由大变小的绿地斑块明显增多，主要发生在山体边缘等重要生态通廊。同时，由于新航道开挖、淤泥疏通、围海造陆，导致红树林破坏，浅滩外扩。尤其是深圳西岸出现大量泥沙淤积现象，阻碍港口通行（图 4–18）。

东岸片区蓝绿系统与城市系统指标演进见图 4–19。

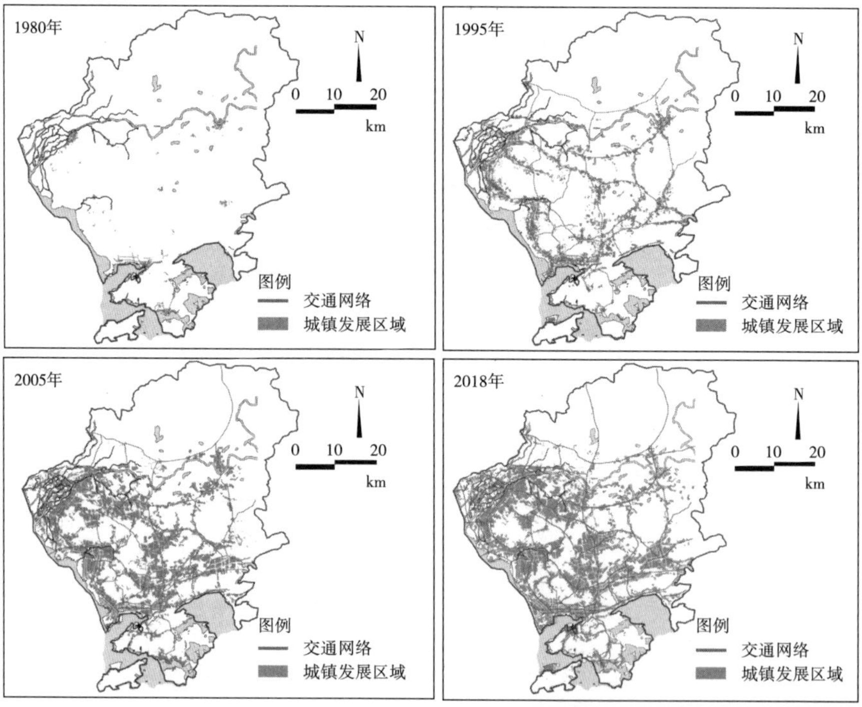

图 4–17　东岸片区城市系统演进

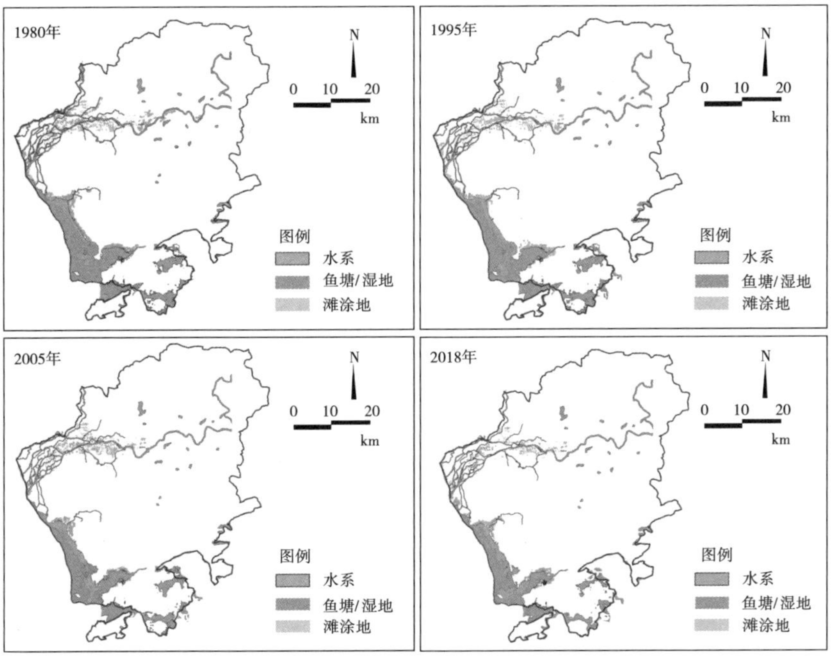

图 4-18　东岸片区蓝绿系统演进

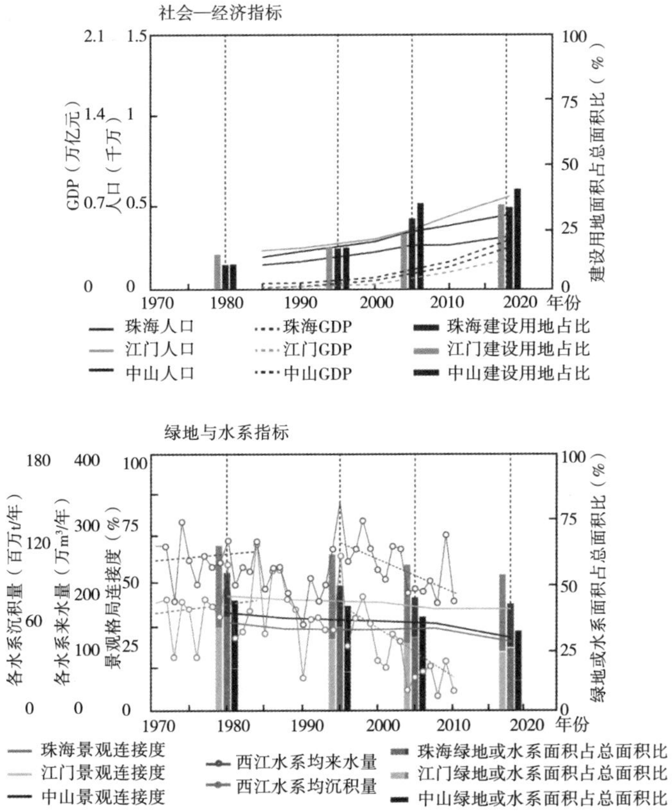

图 4-19　东岸片区蓝绿系统与城市系统指标演进

4.4.4 几何中心片区

几何中心片区利用其建港优势，以港口为核心要素，以海洋产业为骨干为重点产业发展导向。农业用地减少，城市用地增加，基础设施建设先行先导，形成了以港口为枢纽，公路、海运和铁路为骨架的“交错式”空间，成为南沙发展的空间骨架（图 4-20）。

几何中心片区大部分土地目前尚未开发，因此北部、西部保留了“网斑式”的农业肌理。散点式的原有绿地格局、多功能的水系湿地结构、沿水而居的疍民文化、繁复交错的三角洲径流和潮流现象，构成了几何中心片区蓝绿网络的特色。万顷沙岛、龙穴岛等大型岛屿的围海造陆工程使原有的蓝绿空间结构逐渐被占用（图 4-21）。

几何中心片区蓝绿系统与城市系统指标演进见图 4-22。

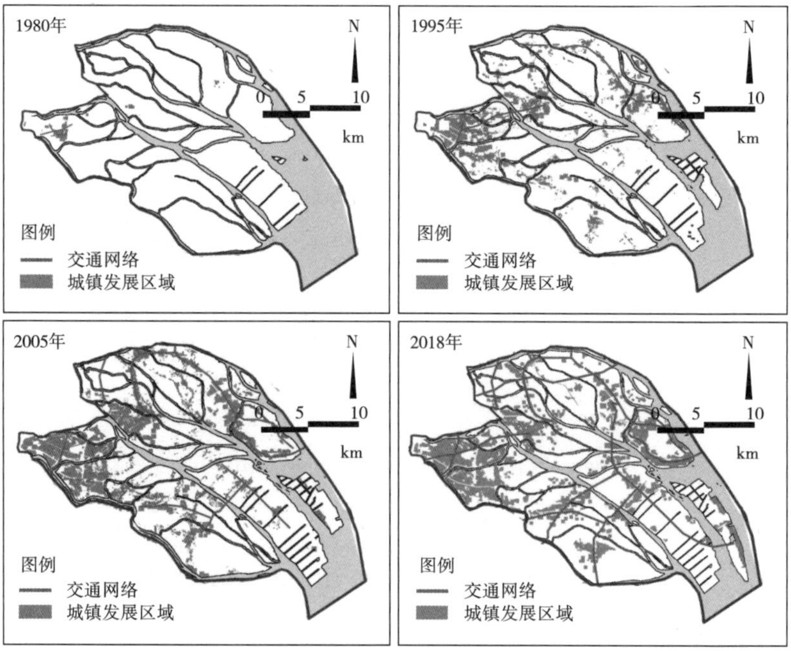

图 4-20 几何中心片区城市系统演进

4.5 珠江三角洲片区关联度分析

各片区关联度是空间各片区相互连接性的重要指标，其测度可以反映各功能的有机联系。重力模型是评测城市空间关联度的模型。该模型

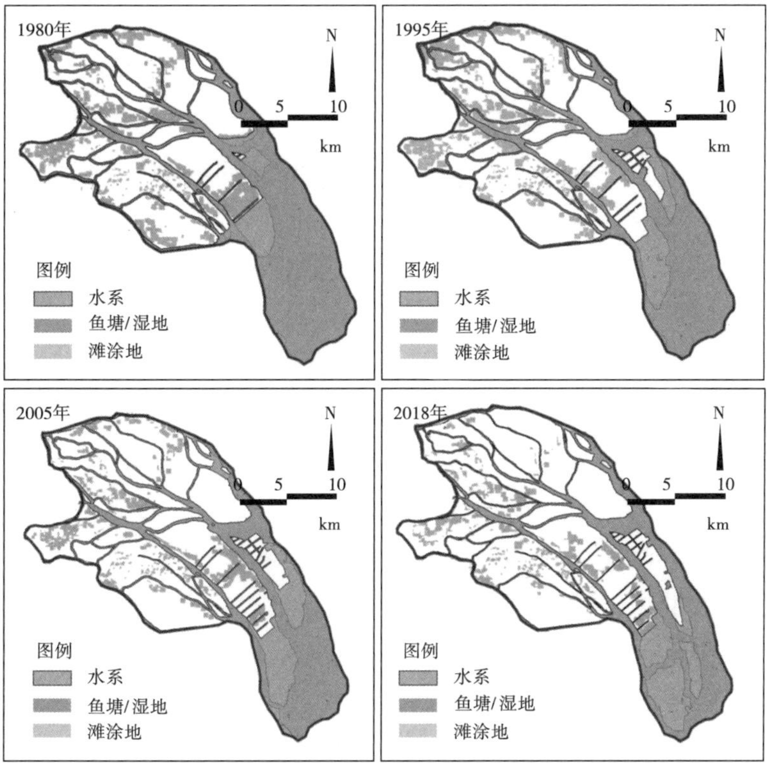

图 4–21　几何中心片区蓝绿系统与城市系统演进

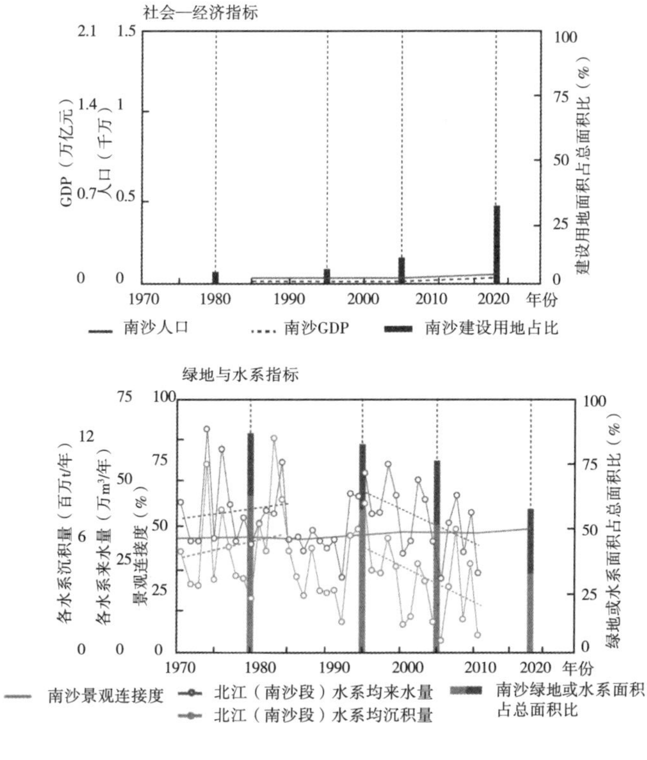

图 4–22　几何中心片区蓝绿系统与城市系统指标演进

认为关联度大小与城市的人口密度、主要道路结构有关。两个统计片区的人口密度和道路密度越大，距离越近，关联度就越高，即可推得统计节点间的社会经济运转越快。景观生态学斑块模型是评测蓝绿空间关联度的模型。片区间斑块隔离度指数越低，连接度指数越高，即可推得蓝绿网的关联度越高。

图 4–23 为基于自然地理条件计算后绘制的珠江三角洲四大子流域片区，即西岸上游片区、西岸中下游片区、东岸片区、几何中心片区。其中，西岸上游片区由西上 –1 至西上 –16 子片区组成，西岸中下游片区由西下 –1 至西下 –18 组成，东岸片区由东 –1 至东 –36 组成，几何中心片区由中 –1 至中 –4 组成。

表 4–5 为各片区关联度测算结果，可知珠江三角洲现状土地利用格局核心特征如下。

①珠江三角洲城市空间结构的关联度呈现“核心强、边缘弱”“北部强、南部弱”的特点。原中心城市在全区域发展中起到举足轻重的引导作用。广州、深圳依托其区位优势，在演进过程中始终居于主导地位和辐射中心，导致现状西岸上游片区与东岸片区的关联度最强。广州作为

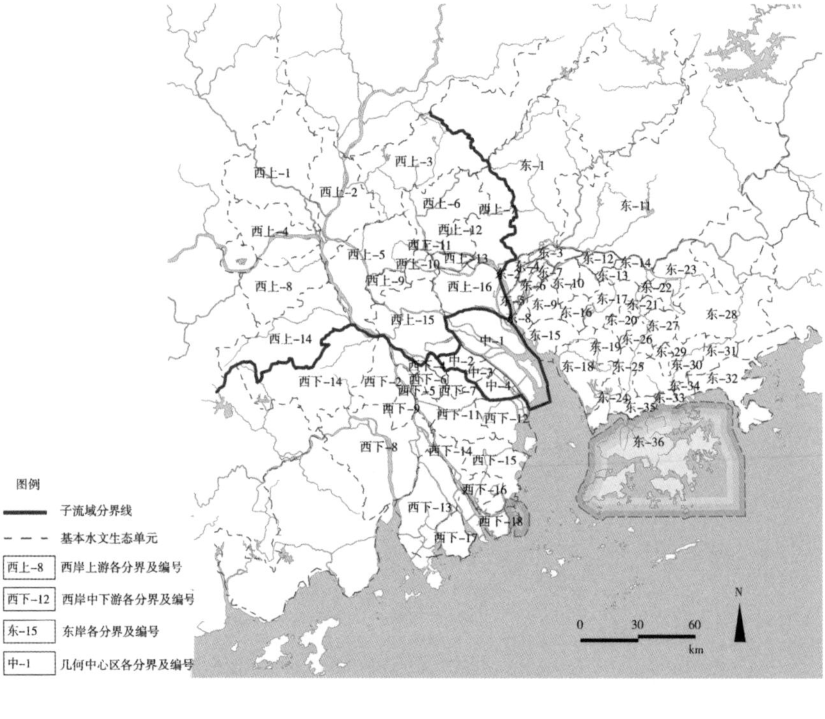

图 4–23 珠江三角洲四大片区

第一中心地，除了距离较远的惠州与肇庆外，与其他城市之间一直保持着密切的社会经济联系，在全域发展中具有举足轻重的核心作用。特别是 2010 年以后，“广佛”同城已经成为全域发展的一大特点。深圳作为第二中心地，虽然初期地理位置比较偏，基础条件不好，但由于“广深”连线，虎门大桥和粤港澳大桥的建成，大大促进了其与珠江口东西岸的社会经济交流，增加了深圳与西岸城市的关联度。“广深”连线一直是珠江三角洲最重要的社会—经济通道。同时，东、西翼结构的形成为延展全域城市空间结构发挥了枢纽作用。佛山、中山、东莞作为受广州、深圳、珠海辐射的城市，多年来各类专业城市发展迅速，与周边城市或空间板块均有较好的联系性。南沙作为中心区域，对全域城市空间结构的联系起到了关键作用。

珠江三角洲片区关联度评测 表 4–5

样本		测评指标				
全域	片区	城市关联度（万人 /km²）	景观隔离度指数（ENN_MN/m）		景观连接度指数（CONNECT/%）	
			蓝网	绿网	蓝网	绿网
西岸上游—西岸中下游		229.201	25.36	26.25	46.38	43.56
西岸上游—东岸		571.032	34.56	41.68	36.75	45.63
西岸中下游—东岸		197.231	48.58	53.56	23.42	21.56
中心—西岸上游		192.085	31.47	44.96	39.25	25.67
中心—西岸中下游		101.363	27.45	34.67	45.42	32.56
中心—东岸		141.861	46.25	59.68	24.35	20.96
西岸上游	广州—佛山	5988.57	25.28	48.96	38.58	25.45
	佛山—肇庆	463.12	35.94	44.38	50.24	34.57
	肇庆—广州	655.49	31.89	46.98	53.47	46.34
西岸中下游	中山—珠海（澳门）	373.95	35.27	34.82	27.47	44.63
	中山—江门	168.64	28.79	48.13	35.68	36.47
	珠海（澳门）—江门	885.73	29.46	42.49	43.83	30.47
东岸	东莞—惠州	666.52	37.68	35.29	36.57	47.48
	深圳（香港）—东莞	3180.36	33.82	37.98	23.68	31.58
	深圳（香港）—惠州	540.87	46.59	32.05	21.46	42.35

②珠江三角洲蓝绿空间结构关联度呈现“外圈层强、内圈层弱”的特点。蓝绿空间网络演进的自然秩序逐渐被赋予人工化的痕迹。绿网结构方面，肇庆—广州、东莞—惠州、中山—珠海具有较大的景观连接度指数，可被视为珠江三角洲全域自然生态服务的辐射原点和辐射廊道，具有较强的生态流联系。广州—佛山、广州—中山、珠海—江门、东莞—深圳之间的部分生态廊道已转为城市用地，景观连接度指数较小，生态调控能力削弱。南沙作为内圈绿网的中心区域，本身拥有较好的绿网结构，但由于绿地格局较为单一，与周边空间板块联系性还不强。水系网络方面，受地理位置的影响，发展初期占有优势的城市依次为肇庆、惠州、佛山、中山、珠海和广州。但是在演变的过程中，佛山、中山两地的基围鱼塘、湿地景观数量减少，导致现状与周边地区的景观连接度指数较小。同时，西江、北江主流水网（西岸上游—西岸下游、中心—西岸下游）之间的蓝网景观关联度依旧较大，是珠江三角洲层面的重要生态缓冲廊道。

4.6 未来极端雨洪情景预测

气候变化。联合国政府间气候变化专门委员会（IPCC）第五次评估报告资料显示，从 1880 年到 2018 年全球水陆表面温度平均上升了 0.85℃，上升速率为 0.062℃ /10a。根据分布在珠江三角洲各地的 40 个气象站 1954~2008 年的监测记录，最近 55 年来珠江三角洲平均气温上升了 0.45℃，上升速率为 0.08℃ /10a。上升速率比全球气候变化速率更高。

海平面上升。全球气温持续升高将严重威胁三角洲城市。海平面上升除了受全球气候变暖影响外，还受地壳运动、河口沉积物挤压、地质断裂活动、水文条件等影响。伴随海平面上升，风暴潮和台风发生的频率和强度升高。海岸地区遭受强风暴、海水倒灌、洪水加剧、土地恶化带来的风险，会造成更大的社会经济损失。IPCC 第五次报告指出，全球历史海平面上升为 1.7mm/a，1961~2003 年全球海平面平均上升速率为 1.8 ± 0.5mm/a，其中 1993—2003 年上升速率为 3.1 ± 0.7mm/a[117]。珠江三角洲方面，一些研究指出广州海平面上升率为 2~3mm/a[118]。广东省国家海洋局 2007 年发布的一项观测报告表明，近 30 年来广东海平面总体上升了 50~60mm，平均上升速率为 2.5mm/a。可见，珠江三角洲海平面上升的速率与全球平均上升速率基本一致。考虑到海平面变化规律的长期性，可仍选取 1993~2003 年的上升速率 3.1 ± 0.7mm/a 作为珠江三角洲未来海平面上升的理论速率。据此预测到 2030、2050 与 2100 年珠江口海平面整体将上升 24~38mm、72~114mm 与 192~304mm。不排除高潮浪（瞬时局部提升 52~98mm）冲击海岸线的可能性。

径流量变化。珠江三角洲年径流量呈波动变化且略微上升。1956~2008 年，西江、北江和东江的平均径流量增幅为 4.89 亿、4.43 亿、2.0 亿 m^3/10a[110]。结合现状径流量，预测到 2100 年，西江、北江、东江的径流量平均将增加到 10248、2332.06、1712m^3/s。与海平面变化规律的长期性相反，径流量在各个时刻浮动量很大，不排除某个瞬时径流量远高于平均值的可能性。

地质沉降。珠江三角洲受三组断裂的切割，形成多个垂向上且具有不同运动方向或运动速率的断块。断块差异升降导致西江断裂上盘下降，整体呈现自北向南、向西、向东倾斜的趋势。由于西岸东侧受挤压，沉降速率有加快的趋势。全域平均沉降速率为 1mm/a。其中断块活动较弱的是顺德断块和新会断块（现佛山顺德与新会交界处），沉降速率为 0.29mm/a 和 0.4mm/a，断块活动较强的为万顷沙断陷、东江断陷，为 2.4mm/a。珠海斗门一带甚至存在断块沉降速率为 7mm/a 的地区。

图 4–24 模拟了上述因素叠加影响下的珠江三角洲现状空间潜在受淹区分布图。由于不同区块的地形地貌、水文环境、灾害成因过程及影响因素不同，在具体应用雨洪风险区评估结果时，应考虑以自然区为主、行政区为辅的分区界限设置。

气候变化、径流增加、海平面上升、地质沉降等将使珠江三角洲生态系统发生较大改变。一方面，这不仅会导致现状各类空间要素在空间分布中的改变，也会带来蓝绿网络、湿地面积及生态系统服务功能的变化。当气候条件变化加剧时，西江附近的农田、城市的受灾面积会加大，八大口门的水域面积将不断增长。另一方面，叠合潜在风险区与现状堤围显示，珠江三角洲现有圩堤总长度为 3084km，可保护主要集中在西岸上游、东岸高程较高地区 78.14% 的城市，用地以及主要分布在区域外圈层 45% 的耕地与鱼塘。为应对气候变化带来的问题，未来珠江三角洲还需要投入一定的基础设施建设经费。

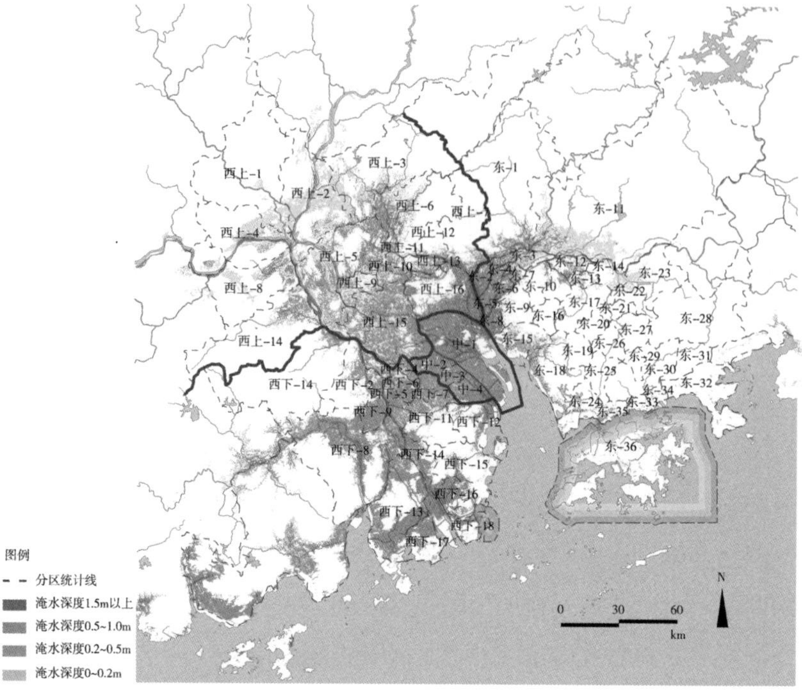

图 4-24 极端气候下现状珠江三角洲潜在受淹区分布

4.7 现状空间存在的主要问题

基于上述空间演进分析，目前珠江三角洲全域空间存在以下问题。

（1）蓝绿空间演进趋向劣化

从 1980 年到 2018 年，珠江三角洲生态斑块数量由 20879 个增至 30786 个，平均单个生态斑块面积由 184hm^2 减至 134hm^2，生态斑块破碎化指数由 0.53 增长至 0.78[①]。主要表现有以下几个方面。

通廊性河床深度、宽度和长度发生无序变化。上游河床的过度采砂导致河道不同区段深度发生不规则变化，改变重要岔口的分流和分沙比，加重了部分支线的防洪压力。例如，位于西江、北江重要支线的东海水道、东平水道、顺德水道等水位均普遍抬高。大型堤坝、跨江桥梁和涉水工程的建设，使河道有效过水宽度减小，减小了河道过水调蓄能力。大型堤坝工程的束水归槽作用导致部分河道自然冲淤特征倒转。涉水工程导致泥沙提前淤积，减少口门泥沙淤积量，增加了口门水土结构被潮汐动力侵蚀的可能性。

---

① 生态斑块破碎化指数=生态斑块数/生态斑块总面积。

内圈层高价值湿地系统被改变，导致片状高价值湿地被削减和分裂，连接性的水生态汇流廊道缺失。例如，佛山、中山、顺德沿线大量的基围鱼塘被用作城市建设用地，导致生态系统机能衰减。中下游的红树植被结构被破坏，岸线的生物多样性、抗潮能力下降。对山体丘陵的农业拓展、对山体的建设开发利用、因建设土壤被压实等原因改变了原有山体防洪植被和土壤结构，增加了土壤被大雨侵蚀的概率，容易导致山洪及泥石流的暴发。

海岸线向大海大幅延伸，口门自然动力大幅削减，淤积严重。围海造陆成为下游城市的空间增长和岸线资源利用的主要方式。伶仃洋西滩向东南淤积挤压，导致西槽东移。中部深槽总体趋势萎缩，且东移速率加快。磨刀门口岸、横琴口岸两侧的滩涂被大量围垦成陆地，由宽阔的海域缩窄成人工航道。鸡啼门入海口与黄茅海被分开，使得鸡啼门入海口东侧淤积严重。

（2）气候变化给珠江三角洲中心区带来的潜在风险

河口滨海区方面，海平面上升将导致大量的低洼地被淹没。特别是在伶仃洋东岸从东莞沙井、深圳宝安到深圳前海（图 4–24 中东 –5、东 –18）一带，西岸中山岐江、珠海斗门（图 4–24 中西下 –12、西下 –16）一带，海平面上升将破坏原来的养鱼、养蚝基地，同时导致盐沼和红树林滩减少。

内陆腹地方面，广州番禺南部、广州南沙、佛山顺德、中山小榄、中山南朗、东莞东城、东莞麻涌、东莞沙田等地（图 4–24 中西上 –15、西上 –16、中 –1、中 –2、中 –3、中 –4、西下 –7、东 –2、东 –6、东 –7），潜在风险区面积较其他地方更大。这些地方大部分地面高程在珠江基准面高程 0.5~2m。由于防洪设施网络标准欠高，三分之一以上的土地存在水涝的风险。

（3）珠江三角洲线状土地粗放使用

一些片区开发强度已超过国际警戒线 30%，逼近生态临界点。土地资源接近极限如表 4–6 所示。

（4）空间发展不充分

城市发展方面，西岸上游片区内部联系性最高，目前已形成了高集成度的“十字”轴线拓扑网络。东岸空间板块联系性次之，也已基本形成了“线性”轴线拓扑网络。西岸中下游空间的“中心—边缘”效益明

珠江三角洲各片区土地利用情况（单位：万 hm^2） 表 4-6

名称	土地总面积	城市用地面积（居住、工业、交通设施用地）	农业与自然系统面积（耕地、鱼塘、湖泊、滩涂、森林、草地、蓝绿网络用地）	土地开发强度（%）
西岸上游片区（西上 -1 至西上 -16）	85.365	28.008	57.357	32.81
西岸下游片区（西下 -1 至西下 -18）	68.938	19.971	48.967	28.97
东岸片区（东 -1 至东 -35）	135.937	60.994	74.943	44.87
中心片区（中 -1 至中 -4）	13.676	1.376	12.3	10.06

显。中心地区集成度高，但边缘地区往往只有一条主要干道，未形成网状道路结构。南沙作为大湾区几何中心及中转点，基础设施先行，但自身产业、人口与城市规模和基础设施的规划并不完全匹配。同时，相邻片区间轴线叠置或断缺、重大区域交通设施的规划与地方规划不一致，造成贯穿区域的交通线路、水运线路不衔接，相连等级不匹配，建设时序不一致等问题。

公共设施方面，各个片区分布不均，存在各自为政的局面。纵观全局，大部分公共服务设施主要集中分布在广州、佛山、深圳等地，且出现持续上升趋势。城市边缘地区生产、生活和生态功能混杂。由于土地开发机制以及规划管理上的差异性，不少城市边缘地区出现了不少专业化的乡镇。这些地方较弱的空间极化效应，导致了分散的产业布局和粗放的土地利用的空间结构。

4.8 本章小结

本章介绍了珠江三角洲概况，重点对改革开放以来珠江三角洲全域空间演进和西岸上游片区、西岸中下游片区、东岸片区、几何中心片区的城市系统和蓝绿系统结构进行了剖析，对未来极端气候下的雨洪情景进行了预测，分析了珠江三角洲现状空间面对强雨洪风险时空间存在的问题，为下一章珠江三角洲雨洪韧性城市规划策略提供了规划背景。

第 5 章

珠江三角洲雨洪韧性城市规划策略

针对第 4 章珠江三角洲空间现状和在极端气候变化下面临的雨洪风险，本章应用雨洪韧性城市规划理论和方法，重点从土地利用、蓝绿网络、滨海岸线三个方面系统地提出了以“三层空间协调发展，四类空间分类建设”“打造跨区域生态廊道，整合区域自然资源，优化蓝绿网络”“功能分区，岸线优化，缓冲带营造”等为核心的珠江三角洲雨洪韧性规划策略。本章是雨洪韧性城市规划理论和方法在珠江三角洲的实践。

5.1 基于雨洪韧性的珠江三角洲规划策略

基于第 4 章对珠江三角洲空间现状和应对强雨洪风险时存在的问题的分析，本书提出的雨洪韧性规划技术路线如图 5–1 所示。

①基于地域性，解析珠江三角洲全域空间结构。明晰珠江三角洲高程分布、地质、土壤、水文、交通等情况；解析珠江三角洲全域空间演进特征，对珠江三角洲各片区关联度进行分析。

②对珠江三角洲在未来气候变化下的情景进行预测，分析潜在受淹区分布。

③土地利用是实现珠江三角洲空间雨洪韧性的核心。研究珠江三角洲土地利用策略，结合情景预测、土地适宜性评价，构建“三层空间协调发展，四类空间分类建设”的总体土地利用思路。

④蓝绿网络是组织珠江三角洲空间的基本骨架。研究珠江三角洲蓝绿网络策略，提出了“整合区域自然环境资源，重点打造区域生态廊道，

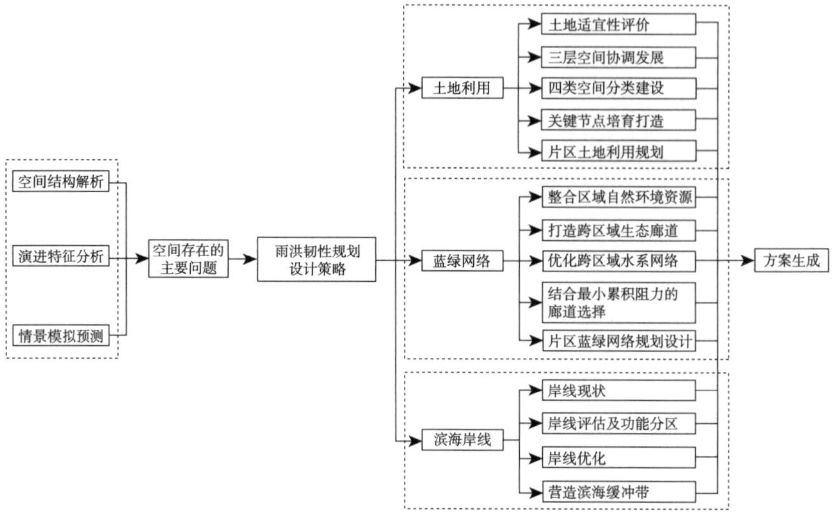

图 5-1　技术路线

优化珠江三角洲水系网络”的总体策略。

⑤滨海岸线是珠江三角洲的第一道防线。从“岸线现状、岸线评估、功能分区、岸线优化、缓冲带营造”等方面，提出滨海岸线规划对策。

5.2　土地利用

5.2.1　适宜性评价

土地适宜性评价是土地利用的基础，也是雨洪韧性城市规划地域性的体现。笔者结合三角洲的特点，对珠江三角洲土地进行了全面评价，旨在为珠江三角洲的土地利用提供依据。

本章的土地适宜性评价采用多因子空间叠加分析。图 5-2 是珠江三角洲的生态保护用地分布图。是基于 2015 年数字高程（DEM）、2018Navionics Chart Viewer 数字海洋等深线图、2018 珠江三角洲绿地图（栅格分辨率为 30m）并叠合现有大型河道、山体、绿地、水库（连续面积或宽度≥ 100ha）、湿地、口门滩涂地、模拟自然水文径流等因素而形成的。

图 5-3 是珠江三角洲农业土地适宜性评价，它以 2015 年数字高程（DEM）和 Landsat8.0 土地利用分类数据（栅格分辨率为 30m）为基础，选取土地高程、坡度、土壤类型、水资源、光热条件、土壤盐碱度、空间脆弱性 7 项分指标作为评价因子，并根据多学科专家打分法赋予各单项因子相应的权重。农业用地各级适宜性因子如表 5-1 所示。

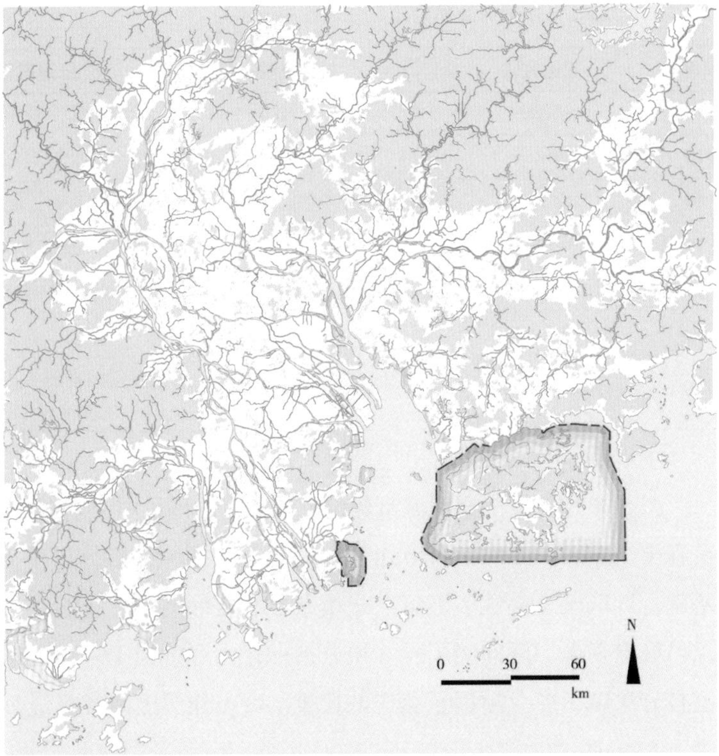

图 5-2　珠江三角洲的生态保护用地分布图

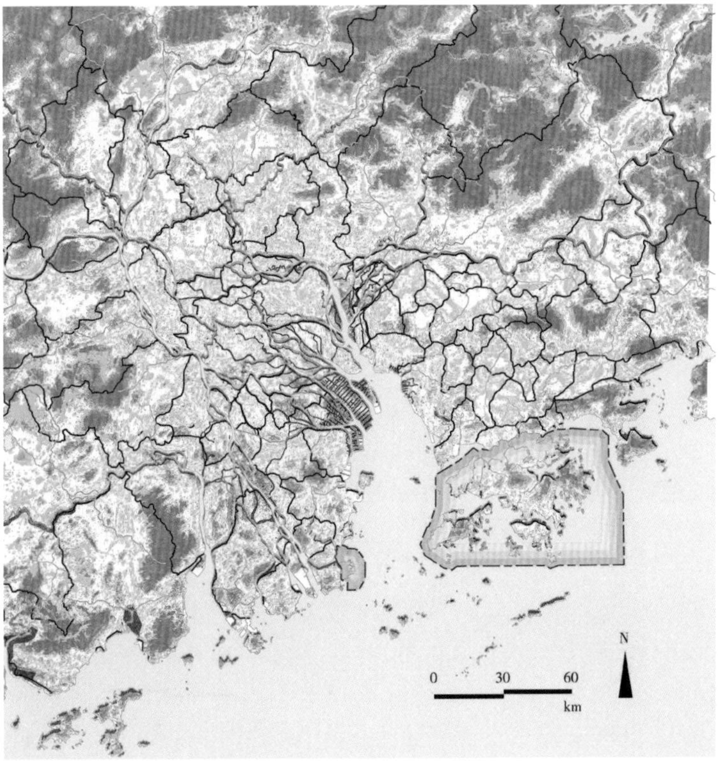

图 5-3　珠江三角洲农业土地开发适宜性评价

珠江三角洲农业用地适宜性评价因子 **表 5–1**

单项因子	权重	高适宜性	中适宜性	低适宜性
高程（基于珠基高程）	0.16	5~100m	2~5m，或 100~150m	＜ 2m，或＞ 150m
坡度	0.10	坡度 0~5°	坡度 5~15°	坡度＞ 15°
土壤类型	0.14	森林土	泥炭土	淡水黏土、咸水黏土
水资源（年均降雨量）	0.12	800~1000mm	400~800mm	＜ 400mm，或＞ 1000mm
光热条件（栅格温度）	0.16	25~30°	20~25°	＜ 20° ，或＞ 30°
土壤盐碱度	0.12	0.0~3.0	3.0~6.0	＞ 6.0
空间脆弱性	0.20	地区均不在潜在风险区	地区在图 6–10 水淹深度 1.0m 以下区域	地区同时在图 6–10 水淹深度 1.0m 以上区域

图 5–4 是珠江三角洲城市建设土地适宜性评价图。它以 2015 年数字高程（DEM）和 Landsat 8.0 土地利用分类数据（栅格分辨率为 30m）为基础，选取土地高程、坡度、土壤条件、蓝绿网络、交通网络、自然资源、城市资源、空间脆弱性 8 项分指标作为评价因子，并根据多学科专家打分法赋予各单项因子相应的权重。城市建设土地各级适宜性因子如表 5–2 所示。

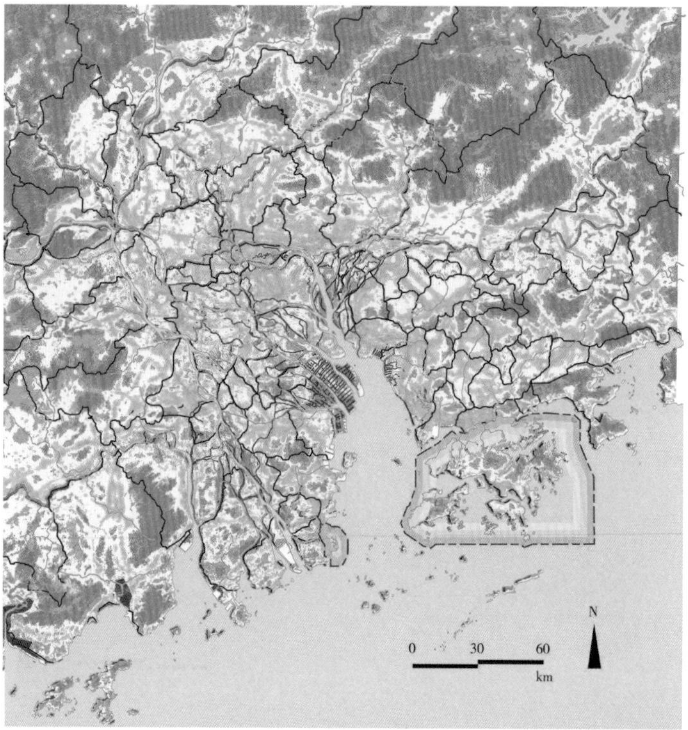

图 5–4 珠江三角洲城市建设土地适宜性评价

珠江三角洲城市建设用地适宜性评价因子　　表 5-2

单项因子	权重	高适宜性	中适宜性	低适宜性
高程（基于珠基高程）	0.11	5~100m	2~5m，或 100~150m	＜2m，或＞150m
坡度	0.09	坡度 0~5°	坡度 5~20°	坡度＞20°
土壤条件	0.10	森林土	泥炭土	淡水黏土、咸水黏土
蓝绿网络缓冲距离	0.17	500~1000m	1000~2000m	0~500m（经常被淹），2000m 以上
交通网络缓冲距离	0.11	0~500m	500~2000m	2000m 以上
自然资源分布（高价值湖泊、滩涂）	0.11	0~250m	250~1000m	1000m 以上
城市资源分布（中心、医院、消防站）	0.13	0~500m	500~2000m	2000m 以上
空间脆弱性	0.18	地区均不在潜在风险区	在图 6-10 水淹深度 1.0m 以下区域	在图 6-10 水淹深度 1.0m 以上区域

为了进一步细化珠江三角洲土地适宜性评价，了解各片区的用土特点，图 5-5 至图 5-8 展示了各片区土地适宜性评价。表 5-3 至表 5-6 展示了相应片区农业发展、城市发展各类用地适宜性占比。

生态保护用地评价、农业用地适宜性评价、城市用地适宜性评价的叠加基于以下原则：

①生态保护用地评价结果对未来土地利用布局具有优先级。当各类空间划定有矛盾的时候，应坚持生态优先原则。

②当农业用地与城市用地划分出现模棱两可的情况时，应综合考虑地域特点、发展定位、潜在风险区、水系条件等情况。

西岸上游片区农业发展、城市发展各类用地适宜性占比　　表 5-3

项目	高适宜性	中适宜性	低适宜性
农业发展	43.6%	32.6%	23.8%
城市发展	31.9%	39.6%	28.5%

西岸中下游片区农业发展、城市发展各类用地适宜性占比　　表 5-4

项目	高适宜性	中适宜性	低适宜性
农业发展	31.6%	29.6%	38.8%
城市发展	27.9%	25.6%	46.5%

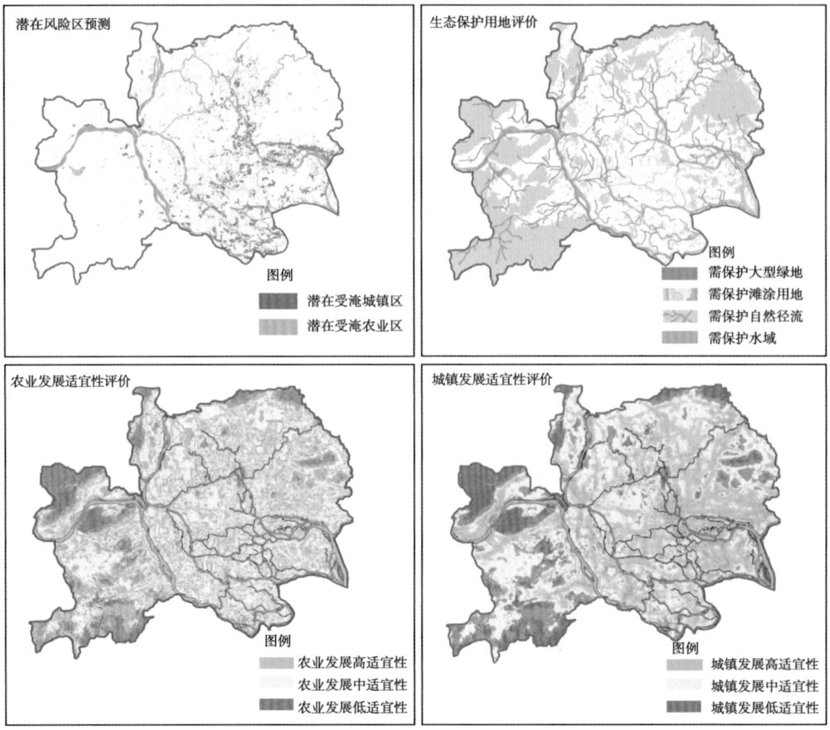

图 5–5 西岸上游片区土地适宜性评价

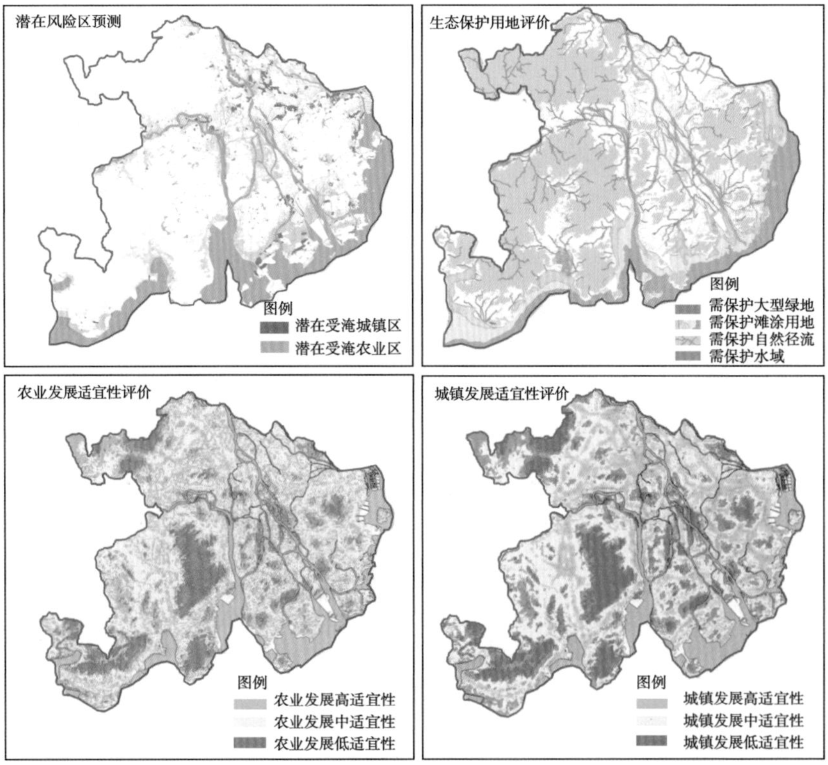

图 5–6 西岸中下游片区土地适宜性评价

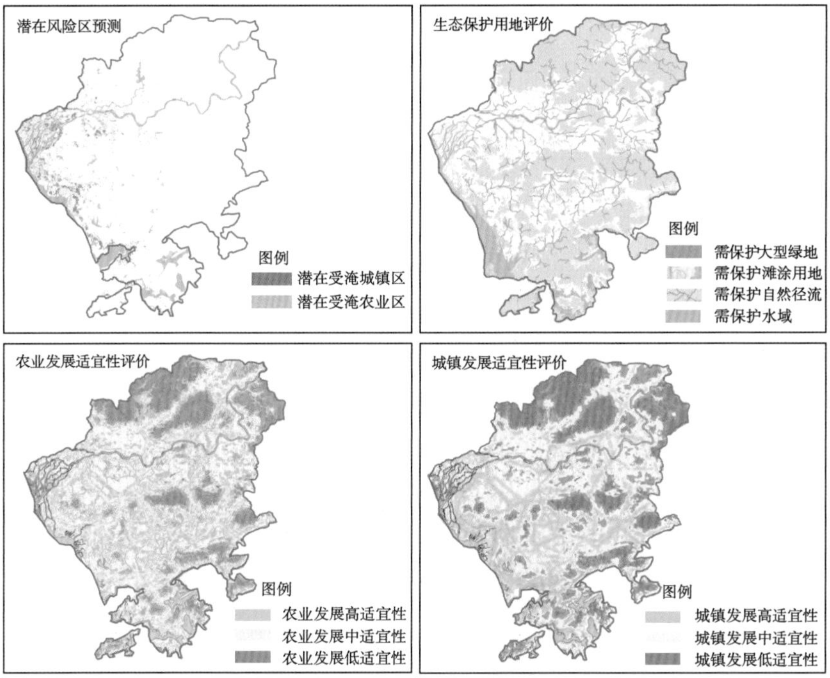

图 5–7　东岸片区土地适宜性评价

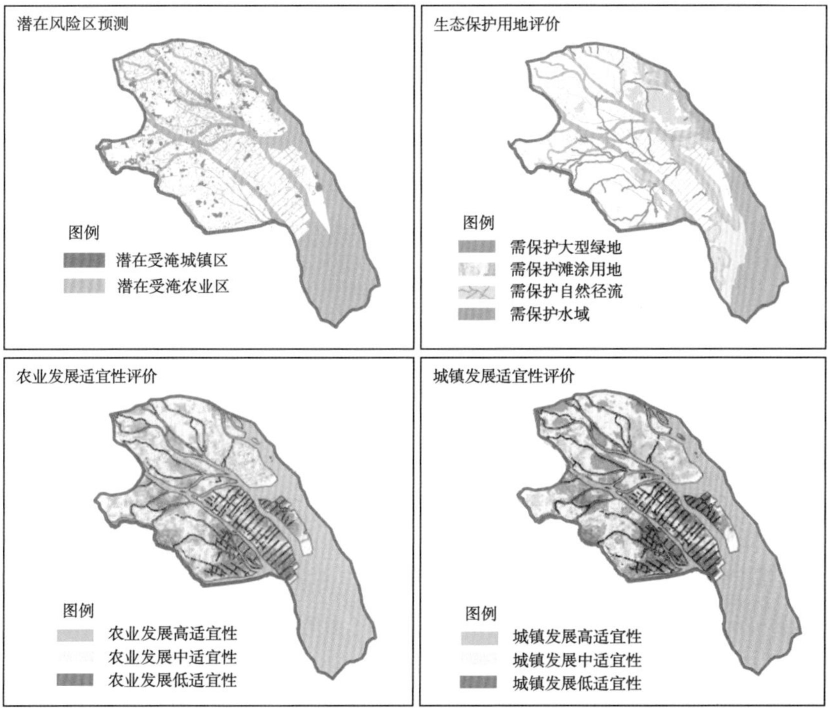

图 5–8　几何中心片区土地适宜性评价

东岸片区农业发展、城市发展各类用地适宜性占比 表 5–5

项目	高适宜性	中适宜性	低适宜性
农业发展	21.6%	29.2%	49.2%
城市发展	33.4%	25%	41.6%

几何中心片区农业发展、城市发展各类用地适宜性占比 表 5–6

项目	高适宜性	中适宜性	低适宜性
农业发展	51.6%	21.2%	27.2%
城市发展	18.6%	23.5%	57.9%

5.2.2 土地利用策略

顺应自然条件、适应生态水文基底的土地利用模式可以最大限度地避免气候变化下的雨洪灾害的发生。因此，雨洪韧性视角下的土地利用策略应全面体现地域性。由于三角洲城市位于“江河—海洋”交接边缘，土地利用要更加突出自然水系和生态保护，加强对禁建区和限建区的控制。未来珠江三角洲土地利用应作好土地适宜性评估，因地制宜地调整优化现状土地利用布局，合理调控滨海区建设用地强度，倡导多样、混合、紧凑的土地利用方式。

（1）三层空间协调发展

土地利用布局要立足地域性，基于土地适宜性评价结果，综合运用多学科知识，划定未来土地利用保护与开发区域。积极发挥自然生态系统的自净能力，控制各个方向流入珠江三角洲城市圈的径流，逐级减缓雨洪灾害对珠江三角洲主要城市的风险，因地制宜地制定相应地区土地利用政策和土地利用模式，使得规划能适应潜在雨洪风险、高程、土壤等场地环境。

珠江三角洲受自然资源“圈层分异”影响，已经形成了“向心”的三圈空间分异特性。第一圈层（滨海圈）应充分利用港口优势，加强珠江三角洲地区的国际合作交流。处理好口门围垦、海岸保护与淡咸水交互地带的生物多样性。第二圈层（大都市发展圈）是沿海开发内圈与山区生态保护圈之间的重要缓冲区。这一圈层受内外圈层的原动力控制，城市空间结构、蓝绿空间结构互馈最多。对于这一圈层，应整治空间无序扩张的现象，控制城市无序蔓延速度。第三个圈层（山区生态保护圈）生态资源禀赋和蓝绿空间结构体系完善，是重要的水源含蓄区和水土保持的重点防护区。这一圈层应作为珠三角生态涵养和生物多样性维护的重要节点。

珠江三角洲的社会经济和文化资源受“板块分异”的影响，产生了空间“核心—边缘”的分异特征。广州—佛山—肇庆空间板块与深圳—东莞—惠州—香港空间板块大型城市众多，基础设施比较完善，城市功能发达，但用地资源贫乏。这些区域应发挥现有交通、用地及产业基础优势，建立城市发展带，以大中城市建设和非农产业为主，控制恶性蔓延。应注重城市内部小尺度生态走廊建设，实施城市内小型河流廊道的修复、绿色开放空间网络建设等工作。珠海—中山—江门板块生态水文廊道众多，尤其是西江、北江沿岸具有众多的毛细廊道，对珠江三角洲具有重要的生态调控作用。因此，需要在增加公共设施服务密度的同时，注重营建具有自组织能力的蓝绿空间肌理。南沙板块作为边缘地区与海陆交界的口门地区，对未来转型发展导向作用重大，兼备产业转型与生态防护功能，应在规划中重点考虑。

（2）四类土地空间分类建设

本章将珠江三角洲划分为三类空间，即生态保护区（生态空间）、农业发展区（农业空间）、城市发展区（城市空间）。考虑到珠江三角洲海陆交互的特点，在三类空间的基础上，专门增加了海陆统筹区（滨水区）。各空间对应的雨洪韧性城市规划策略详见本书第 2 章“雨洪韧性城市规划方法”中对应的生态空间、农业空间、城市空间、滨海区的雨洪韧性城市规划的原则和相应策略，这是针对珠江三角洲特点的进一步补充阐述。

①生态保护区。该区域集中分布在西岸西江、北江沿线，外圈山体处。以大型蓝绿斑块为中心，依托区内众多的生态水文廊道，发挥其对珠江三角洲全域的生态保育、生物维护、水文调控作用，作为珠江三角洲全域生态本底的源点。以自然地理空间为发展单元，并根据环境容量、资源承载力和生态功能，制定相应的建设规划。不仅要做好河流自然形态、绿地环境形态的恢复，还要通过修复区域内的关键河道、绿道，解决建成空间对蓝绿空间的挤压导致的肌理紊乱问题。重视空间肌理，倡导从工程型向基于自然解决方案的转换。环珠江口是大湾区自然生态保

护的首道屏障，对湾区生态保育、水文防护、饮用水供应等具有重要意义。应围绕海陆界线环境，疏通淤泥，保护现有湿地，构建滨海岸线防护带，促进湾区生物多样性。利用河流系统的自动冲淤过程塑造新廊道。减少盲目填海对滨海生态湿地的破坏。加强自然岸线和海岸景观保护，兼顾自然岸线与人工岸线的适当比例。控制好单体建筑占用岸线的长度。加强沿海地带生态环境带保护措施，修复围填海速度过快的口门，提高海湾容量和纳潮量。

②农业发展区。该区域主要分布在佛山、东莞、中山、南沙等地现状具有大片耕地、基围鱼塘的城市边缘处。依据地形高程，合理配置多样化的农作物，增加农作物种植种类，保障珠江三角洲的粮食安全。发挥基围鱼塘对于珠江三角洲文化景观的效应。在区内优化基本耕地、鱼塘布置。

西岸上游片区农业用地以现状城际间荒地为主。佛山、顺德等加强鱼塘农业发展，鼓励保留桑基鱼塘形式，实现“基—鱼—桑”循环农业经济。加强标准农田建设，全面改善农田基础设施条件。靠近广州、佛山城市边缘的农地，可开展娱乐休闲农业活动，发展都市农业产业。

西岸中下游片区现状拥有大量未开发的桑积鱼塘地，未来可作为珠江三角洲全域农业用地的核心地块。加大珠海斗门、江门新会、中山岐江一带的桑基鱼塘的保护力度，形成集中连片、基础设施完善、具备岭南特色的现代化标准农业集中区。

东岸片区现有基本农田数量不多，主要位于沿东江两侧。要确保基本保护区农田不减少，推进废弃耕地的复耕。

南沙万顷已经形成了天然的万亩良田，在未来建设中，要适度保留耐淹、抗碱的农业用地，作为城市景观的有益补充。

③城市发展区。城市发展区要依托公共服务、基础设施与政策制度等优势，提高第三产业比重，优化产业结构，以高科技研发、商业金融、商贸会展等高端服务为主，发展相应的商业。适度提升网络要素配置密度，尽可能多地提供各类公共设施场所。发挥其在全域社会经济发展中的辐射作用，带动周边地区发展，缩小空间差异性。同时，该区是蓝绿网络保护的重点和难点区域。在现有城市点状绿地的基础上，科学地置入不同规模、不同景观类型的生物保护公园。

西岸上游片区以广州、佛山、肇庆三市为依托，结合现有道路网，逐渐由“圈层式”转向“网络式”布局。

西岸中下游片区整体城市格局应以五桂山为核心，以中山—小榄—顺德沿线段以及五桂山东侧珠海滨海沿线段为主。

东岸片区以莞深沿江走廊以及羊台山、银屏山两侧为主。鉴于深圳、东莞现状城市建设土地已临近或超过临界值，应更严格地控制新增建设用地。未来城市建设要以盘活存量用地为主。

几何中心片区主要集中在南沙主镇及南沙与顺德交会处——大岗镇。重点协调广州龙穴岛、珠海高栏岛、深圳盐田等港口和岛屿的建设需求，深化港口岸线资源整合，协调港、产、城发展。

④海陆统筹区。该区域主要分布在各口门、各城市海陆交界处，是珠三角海陆融合的重要空间。目前，珠江三角洲口门滩涂面积约有 140km^2，占珠江三角洲海岸线滩涂总面积的 30% 左右。可利用面积为 68km^2，占 47.4%。以保护海洋海岛、优化海洋资源为主旨，合理控制各类岸线的比例，科学配置生产、生活和生态用水。生产型岸线要深水深用，生活与生态型岸线要浅水浅用。处理好城市建设、工业发展、生态保护的关系。保护海洋生态环境和海洋渔业资源。重视对近海红树林的养护，使其承担一定的防洪调蓄功能。

环珠江口地区处于珠江三角洲的几何中心，包括南沙板块、西岸中山至珠海横琴临海沿线、东岸东莞长安至深圳前海。该区域发展条件好，但防洪（潮）排涝问题严峻。优先考虑现有城市资源重组和城市空间内部挖潜。基于地形条件、自然生态、环境容量等因素，从“粗放型”空间开发模式向“集约式”和“紧凑型”的空间开发模式转变。城市发展区要与生态核、生态廊道、水文廊道相协调。适度冗余防护绿地，形成生态缓冲带，减少对周边山体水域等自然因子的破坏。营造空间品质，促进人口、产业用地的集中，适当利用现状大型荒地作为城市扩容需要。依托珠江口水系和出海口条件，塑造背靠内陆、连接港澳、面向太平洋的全方位开放发展。依托港口等条件，由海洋带动腹地，提升珠江三角洲竞争力。空间结构由“散点”转变为“网络”式，形成具有世界影响力的现代服务业基地和先进制造业基地。

在以上四个发展区的构建中，通过关键节点引领整个珠江三角洲发展，为生态保护与建设作出示范。关键节点的战略选址可依托基础设施、产业园区的重点项目，包括城际铁路、高速公路的扩容建设，航道的疏浚升级，产业园区以及具有重要生态防洪功能的生态功能区建设。在坚持土地利用“骨架”不变的前提下，让使用者具有一定的调节权，在满足主旨功能后，可以根据外部条件的变化，进一步完善规划。

（3）珠江三角洲空间保护与发展总体格局

基于上述思考，对比本章得出的城市用地建设范围与对现有各市规划进行拼合后形成的城市发展区，可以发现本研究得出的未来城市发展范围与珠江三角洲各市规划城市发展边界在发展方向上呈现一致的趋势。但本研究更加强调保护生态用地，避开潜在风险区，本章提出的未来城市用地范围比现有规划拼合要小，在空间形态上更加趋于有机，更加结合了自然地形地貌和水系的趋势，强化了对各大口门无序填海的限制，加强了对口门滩涂用地的保护。

综合雨洪风险区预测和土地适宜性评价，笔者提出了珠江三角洲未来空间结构发展分区战略。珠江三角洲空间结构发展分区战略如图 5-9 所示。

总体上，以“点—轴”为原型，加强历史发展中形成的东、西岸的

图例

生态保护区

农业发展区

城市发展区

海陆统筹区

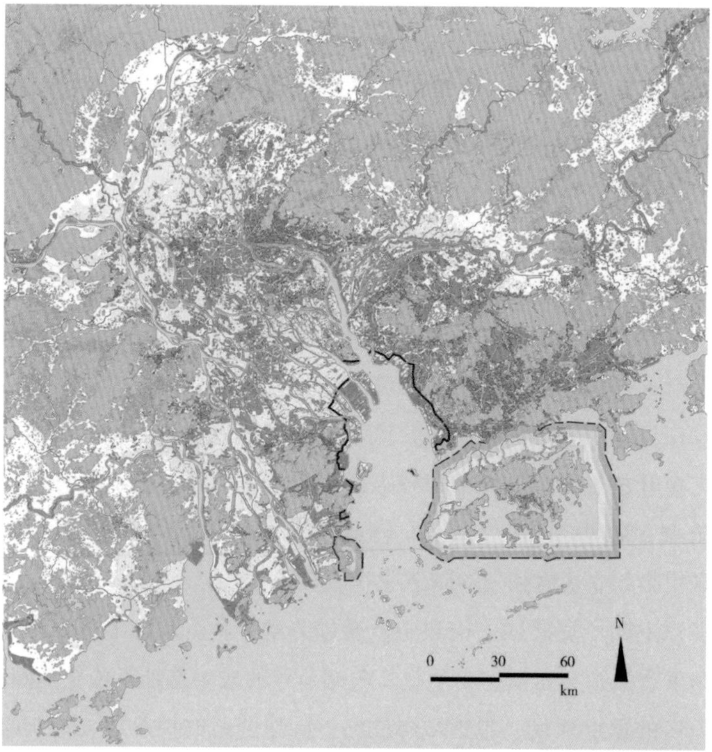

图 5-9 珠江三角洲空间发展结构战略图

空间轴线的联系。结合地形地貌，根据东翼（广州—深圳）的现状发展情况，珠江三角洲东岸重点发展口岸和绿色廊道。根据西翼特点，重点形成蓄洪区域的蓝色轴线。依托西部广珠高速、西南部沿海高速、北部广惠高速、南部粤港澳大桥、东部广深沿海高速、外圈环珠江三角洲高速等不同时期建设的轴线带来的发展红利，加速南沙片区发展，使之成为具有强大创新能力和辐射能力的中心，内聚外拓。加强对环珠江口湾区重点战略平台的土地供给与生态补偿。通过加密路网建设与公共服务系统，优化中心—边缘点的集聚与扩散成效。广州、深圳、佛山、东莞、中山等城市要更严格地控制新增建设用地，城市用地要以盘活存量用地为主。

（4）片区土地利用——以南沙区为例

为了更好地阐述上述思想，下面选取广州市南沙区作为片区案例，进一步加以阐述。

广州市南沙区位于珠江三角洲三大都市圈的交界处，是珠江三角洲的地理中心和海拔最低的区域。南沙区四面环水，北江和珠江沿虎门、蕉门、横门、洪奇等口门流入狮子洋和伶仃洋。气候变化给南沙区未来发展带来了巨大的挑战。根据洪涝和地面沉降的模拟，可以发现受影响最严重的综合脆弱性地区是大岗、横沥岛、万顷沙及龙穴北。在极端气候环境下，海潮将翻过现有堤坝，淹没部分城市空间。

面对未来 200 年一遇的洪水和海平面上升 0.50m 的情景，在防洪排涝现状条件不变的情况下，南沙区未来受淹区和土地沉降区分布如图 5-10 所示，叠加受淹区和土地沉降区后形成的综合脆弱性区域如图 5-11 所示。

合理的土地利用方案需要重点考虑两点。

第一点是确定自然保护区域。雨洪韧性需要有底线。自然保护区是指为了达到长期稳定的生态效果而需要保护的土地底线。图 5-12 给出了南沙区生态保护用地的评估结果。从图中可以看到，大型水道、黄山鲁、十八罗汉山和蕉门河口旁的大面积滩涂地等属于自然保护区。同时，考虑到受淹深度深和土地沉降速度快等因素，可以将万顷沙、龙穴、大岗、横沥岛等地的部分用地转化为自然空间，以缓冲气候变化带来的负面影响。对于自然保护区，禁止任何建设性开发行为。

第二点是模拟评估未来可以容纳的最大人口数量。南沙从 1993 年开始步入快速城镇化建设，随着城市规模的扩大，城市人口剧增。根据自

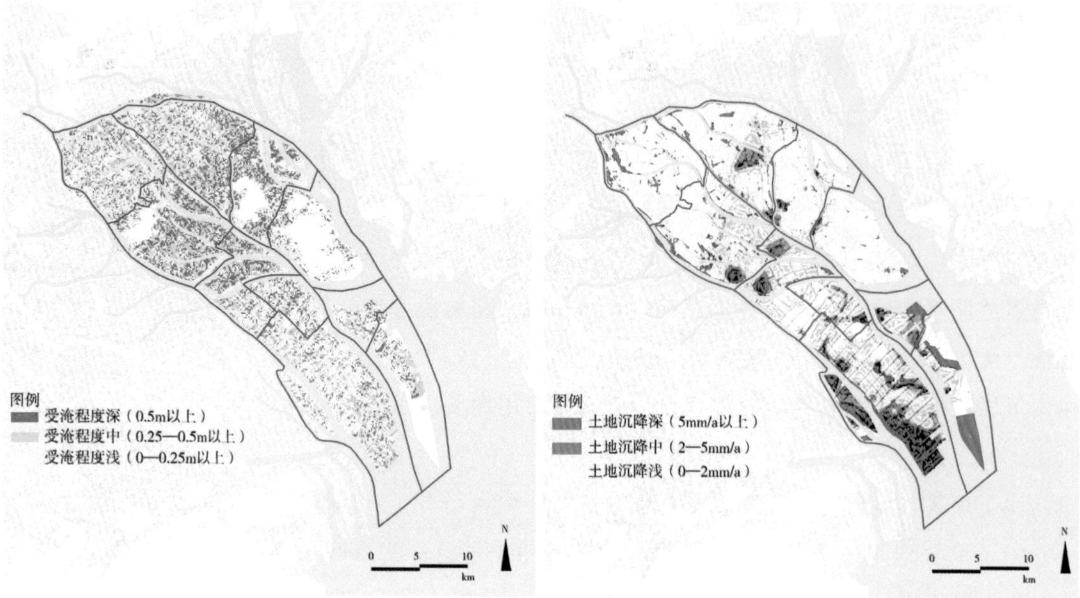

图 5-10 南沙区受淹区及土地沉降区模拟

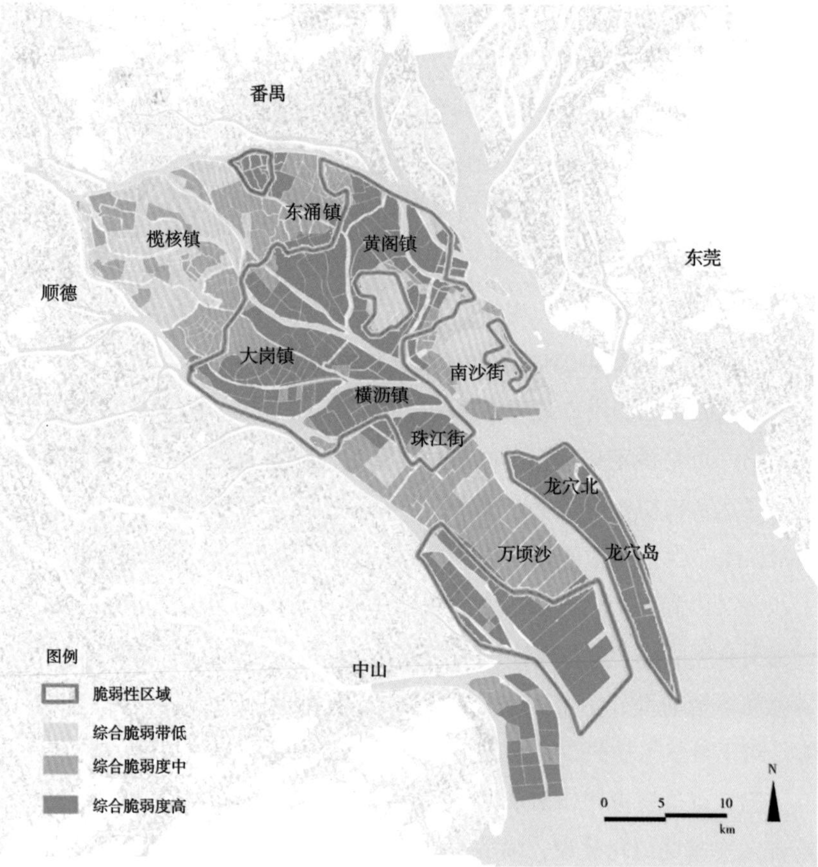

图 5-11 南沙综合脆弱性区域及其边界

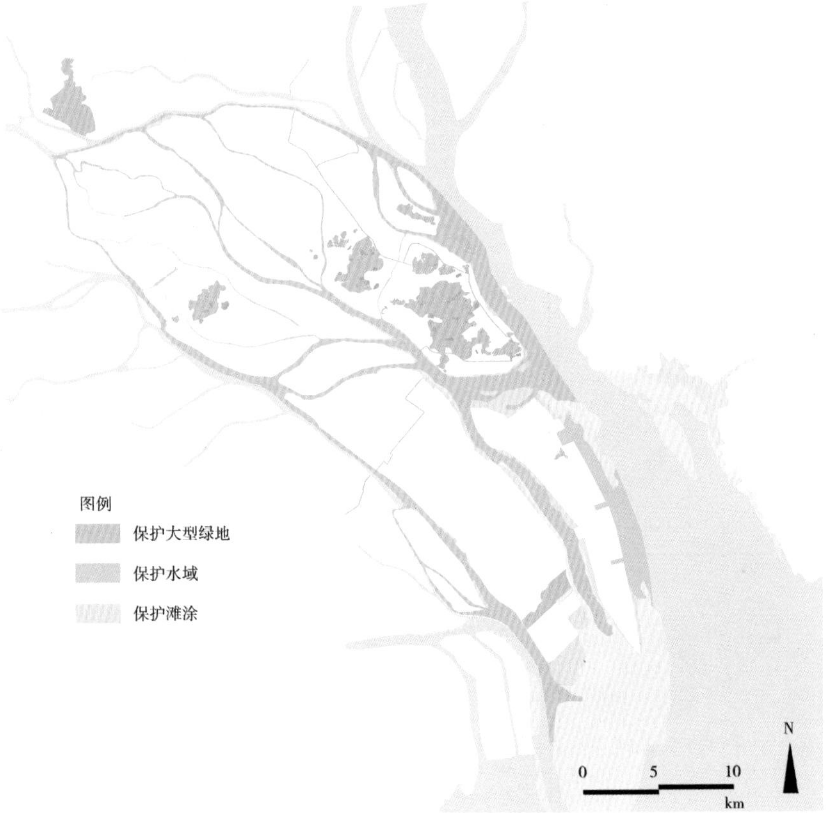

图 5-12　南沙区生态保护用地

然保护区的土地属性不能转变为其他类型用地的原则，笔者利用 FLUS、Markov-CA 模型，基于土地利用、高程、交通、蓝绿网络、潜在风险区等因素，模拟了不同人口数量情景下的南沙土地利用情景，找出土地利用的“临界点”，并在此基础上确定最大的人口量。图 5-13 为南沙未来土地利用演进路线模拟。

土地利用演变路径的模拟结果表明，随着人口的增加，南沙街、横沥、大岗、黄阁、东涌、榄核、珠江街等将依次发展，万顷沙、龙穴岛将会变成最后的开发用地。

当人口达到 140 万时，南沙城市面积将占总面积的 19.8%，同时在脆弱性地区中，城市面积将占总南沙面积的 2.07%。城市区域分布主要扩展到南沙北部的大岗、榄核区域。此时仍然有足够的土地用于城市发展。当人口数量达到 200 万时，会出现第一个土地利用“拐点”，南沙北部和西部土地将大量被占用，导致城市扩展到现状脆弱性地区。当人口

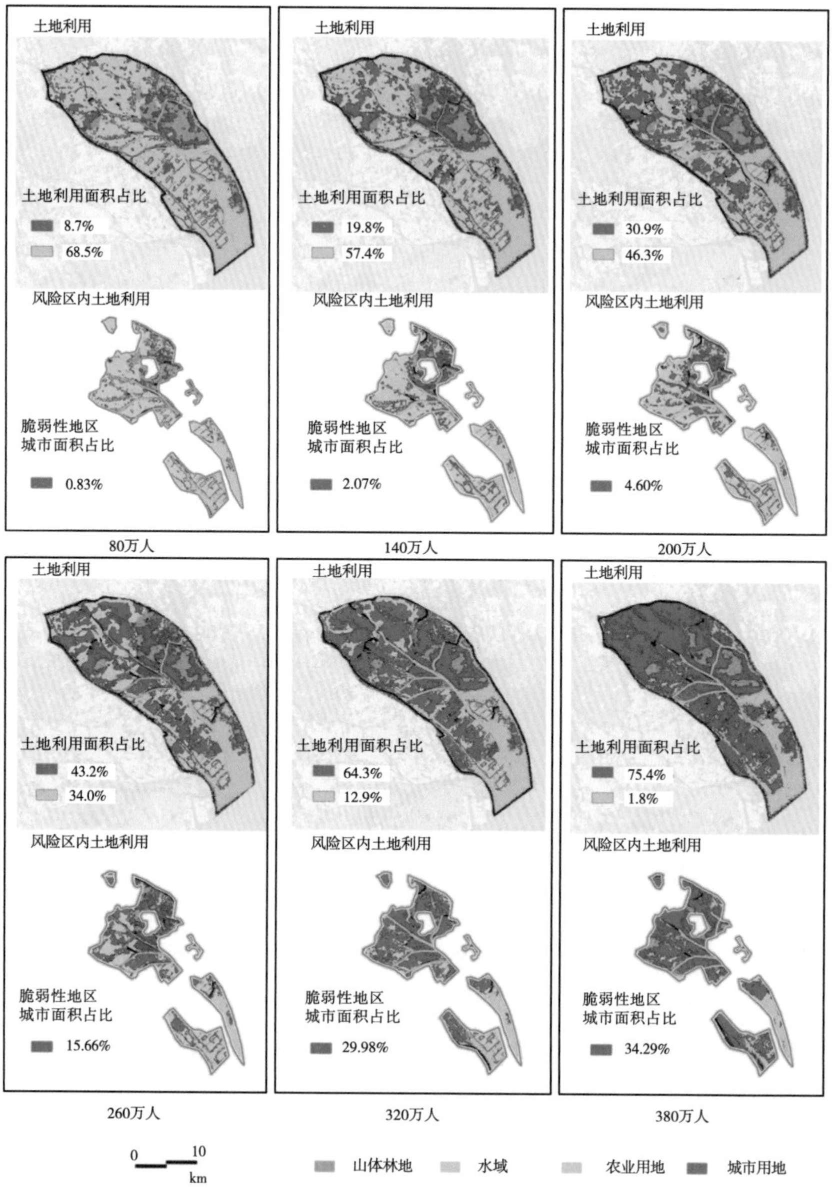

图 5-13 南沙未来土地利用演进路线模拟

达到 260 万时，可用于进一步建设的土地主要集中在万顷沙区域。当人口数量达到 320 万时，出现第二个“拐点”。城市开始在脆弱性地区缓慢扩张。此时在脆弱性地区，城市面积占南沙面积的 29.98%，这给横沥岛、珠江街、黄阁等片区的防洪（潮）排涝系统提出了更高的要求。在这种情况下，主要水道周边的滨水区将受到城市发展的挤压。当人口达到 380 万时，脆弱性地区的城市面积占南沙面积的 34.29%。南沙除了刚性自然保护区以外的剩余土地将被用尽。在这种情况下，城市地区的扩张只会以占用被禁止开发的自然保护区或开垦海域为代价。

根据模拟，笔者建议 200 万 ~260 万可以作为南沙未来长期发展的合适人口数量。200 万 ~260 万人口的土地利用模式有利于在不同城市组团之间提供缓冲用地，新的防洪（潮）排涝系统的压力适中。380 万人口可以作为南沙区土地可承载人口的理论最大值。此时除刚性自然保护区外的土地会全部转换为城市用地，且各城市组团之间不会有缓冲带。如果人口超过 380 万，自然底线将会被打破，导致南沙变成一个高脆弱性的空间系统。

总体来说，南沙地势比较平整，交通方便，淡水资源充足，没有地震和泥石流等地质威胁。这些条件为土地的可建设性提供了较好的基础。造成目前土地适宜建设性偏低的重要原因是南沙土地高程低，蓝绿网络不完善。未来要将这些现状脆弱性地区变为城市用地，首先必须要采取以防洪排涝为重点的措施，从根本上解决防洪排涝的隐患，提高土地的建设适宜性。本章将可部分利用脆弱性地区进行开发用地作为前提条件，也是下一章将防洪排涝作为横沥岛、灵山岛空间雨洪韧性重要基础的主要原因。

土地利用方案将自然保护区作为不可逾越的底线。对于自然保护区实施严格的土地保护，高度重视生态修复，清除在自然保护区内的建筑，将空间归还给自然。通过改造将原有不适宜在自然保护区发展的空间变为文化景观，发挥生态保护用地的休闲、旅游和文化教育服务功能，以增加市民对三角洲城市景观的归属感。

根据以上分析，图 5-14、表 5-7 展示了一种可能的土地利用方案及各组团空间功能定位，容纳 230 万人口。

城市开发用地可以分为两类。一类是先天条件好、海拔较高的区域。对于这类区域建议优先开发，以适应不断增长的人口需求。另一类是交通、地质、资源等其他条件均可，因自身海拔较低、目前防洪（潮）排涝能力低而被列入脆弱性的区域，例如横沥岛、珠江街、黄阁区。对于这些区块，必须先从根本上解决防洪排涝问题，提升其土地建设的适宜性，才能在这些区域上进行城市建设。未来用地要采用高效、紧凑、多功能混合的土地利用方式，为在城市组团之间留出足够的缓冲空间提供土地条件。同时，农业用地应作为储备过渡地，发挥粮食供应与空间缓

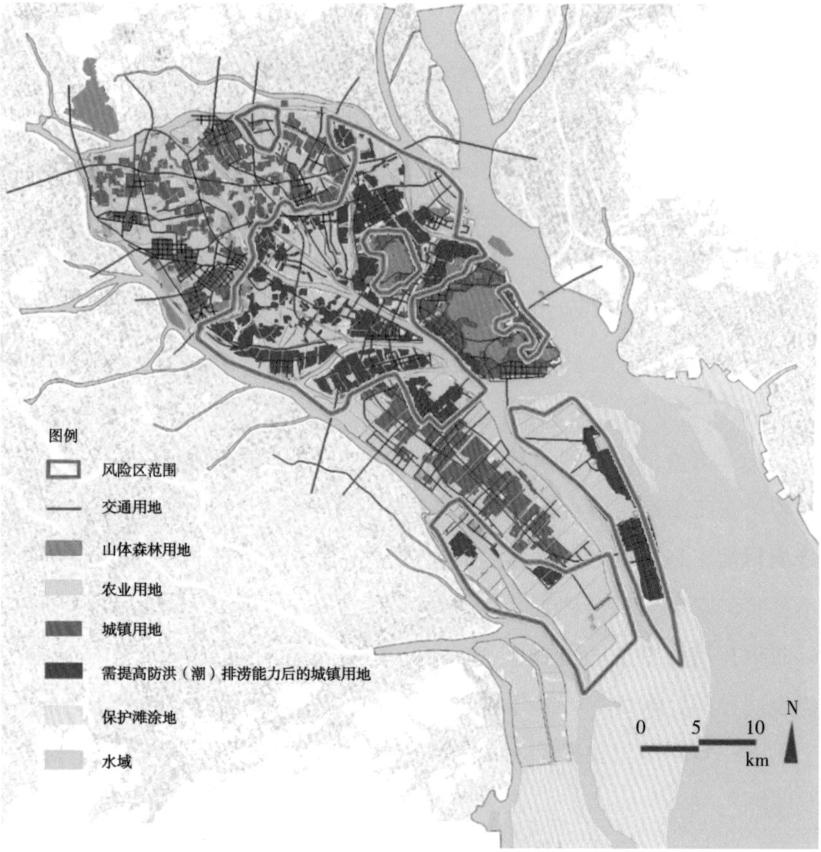

图 5-14 230 万人口条件下南沙区雨洪韧性土地利用格局规划图

南沙区各组团空间功能定位 **表 5-7**

组团	名称	土地利用职能定位
北部组团	黄阁镇	采用渐进式发展，保护大虎岛、海鸥岛等地
	东涌镇	采用渐进式发展，构建南沙新区东北部公共服务中心
西部组团	大岗镇	采用蔓延式发展，加密蓝绿网络、交通网络
	榄核镇	采用生态型保护，发挥端口生态环境优势，发展生态农业观光
南部组团	万顷沙镇	采用生态型保护，以横门、洪奇门等口门和现有大型生态湿地基础，加强对南沙滨海生态湿地的保护，作为南沙区生态保护的腹地
	龙穴岛	采用生态型保护，龙穴岛港口湿地外延区域作为生态用地，纳入土地远期储备计划
中心组团	南沙街	采用更新式发展，承载城市行政、文化、教育、居住等主体功能；充分发挥黄山鲁对南沙区的生态内核作用
	珠江街	采用蔓延式发展，承载城市行政、文化、教育、居住等基础性功能；与农业用地相交会处可发展农业经济，打造岭南文化园区
	横沥镇	采用蔓延式发展，构建总部基地
	龙穴街	采用生态型保护，以保护滩涂用地为主；恢复滩涂地红树林及种植与水产养殖功能

冲的作用。

规划方案要因地制宜，融合自然保护区、农业发展区与城市发展区之间的空间肌理，使得城市空间和自然空间的边界交融更加有机。例如，在南沙北部，城市区会根据其附近高生态价值和点状储水体布局而更加“分散”；在南沙南部，由于城市分布在海拔较高的土地上而形成更加紧凑的空间肌理。同时，在海岸线周边要留出更多的缓冲空间以避免潮汐影响。

5.3　蓝绿网络

蓝绿网络深刻地影响着珠江三角洲的发展。蓝绿网络是珠江三角洲空间组织的基本骨架。雨洪韧性视角下的蓝绿网络应全面体现网络连通性，让珠江三角洲的水文生态网络复合多样。针对珠江三角洲蓝绿网络退化、口门拥堵的特点，结合重要农田、城市防洪（潮）排涝的需求，整合区域自然环境资源，重点打造跨区域生态廊道。在重要发展城市上游建立区域级水系廊道旁路，以增加全域空间格局的安全性、景观性。综合考虑地形、地貌、高程、自然资源和用地边缘线，尊重自然基底，突破行政边界线束缚，保障生态系统的完整性。

5.3.1　整合环境资源

珠江三角洲南部连接 21 世纪海上丝绸之路带、近海生态保护带，东部连接沿海开放带，北部连接内陆开放和丝绸之路带，具有得天独厚的区位优势。作为我国沿海和内陆双重开放、东中西部协调发展的关键节点，珠江三角洲在国家发展战略中具有特殊重要的意义。因此，城市规划要深刻地认识到珠江三角洲在国家战略中的重要作用。

珠江三角洲河网密布、水资源丰富，但全域水源地均为敞开式、多风险水域。蓝绿系统容易受到上游来水、航运、咸潮入侵等因素影响。因此，需要高度重视水资源安全，协同整合区域自然环境资源，形成布局合理和安全的水系统格局。

以重要蓝绿通廊为载体，协同推进东江、韩江、北江等跨省流域水资源保护和水污染治理。依托山脊、山谷、海岸、河流等自然廊道，串联主要的自然、人文资源点，构建珠江三角洲绿道网络。南岭保护区、西江上游区、东江上游区、韩江上游区、近海生态保护区等要进一步加强与周边城市的对接，以自然保护区、重点生态功能区共建为重点，对生态环境问题突出的地区要进行联合治理，构建跨省生态水文共建区与社会经济发展协同带，并在政策上给予补偿。

协调西江流域水资源和能源开发利用，发挥蓝绿网络的多功能作用。繁荣西江航运，打造西江黄金水道，提高应对咸潮入侵等危害水安全事件的抗风险能力，加强对各级水库水源地的共同保护，加强流域水资源和水环境承载能力预警，强化跨界和重点断面水质监测和考核，加快建设岭南丘陵山地、闽粤琼东南沿海红树林生物多样性保护区，加强对天然林草资源、湿地和重要生态系统的保护，加强跨省生态保护和修复工作。把珠江三角洲作为生态水文保护的源点，由沿海辐射至内陆地区，强化珠江三角洲全域及南北、东西对外开放的通廊，将珠江三角洲与跨省上下游边界区视为不可分割的整体，提高互联互通的廊道效益，提升珠江三角洲的国家战略地位。

（1）打造跨区域绿色廊道

珠江三角洲今后要重点发展生态廊道。以“社会—经济—生态”协调发展为基本点，有机协调多元要素，积极发挥自然生态系统的自净能力，控制各个方向流入珠江三角洲城市圈的径流，逐级减缓对珠江三角洲主要城市区的风险。打造集“生产、生活、生态、防灾”于一体的新型三角洲空间格局。

外圈生态屏障依托叠嶂的山势，利用特大型山体水库、森林公园、生态湿地等大型自然保护区，结合多样化的水生态组团用地模式，适度插入不同规模、不同类型的物种栖息地斑块，加强山体、河湖水系的有机联系，加强自然净化、自然调控功能，控制进入珠江三角洲城市区域和农业空间的水文流量，降低风险发生的可能性。

城市圈从建设和整治两方面入手，加强生态走廊建设，修复河流廊道，开放绿色空间，减少对山体和水体的围垦与填埋等，控制硬质铺地与灰色基础设施的数量，通过合理的高差规划、土地转化和植被配置等措施，减缓硬质土地对生态用地的影响。加强对高容积率用地的节点规划，优化“自然—农业—城市”环境下的垂直过程与水平过程。

近海生态屏障以海湾、海岛、海洋保护区、滨海湿地、红树林和珊瑚礁等生态系统为重点保护对象。必要时可进行人工育滩，深化港口岸线资源整合。加强自然岸线和海岸景观保护，兼顾自然岸线与人工岸线的比例。

主要生态水文廊道有西江生态水文廊道、北江生态水文廊道、东江生态水文廊道和珠江生态水文廊道。构建云雾山—天雾山连线、起微山—罗壳山连线、青云山脉、九连山脉和莲花山脉等蓝绿网络，将外圈大型自然资源优势辐射至珠江三角洲核心片区。外圈以各类生态功能特征为主导，原则上禁止一切形式的土地开发和建设活动。强化粤北、粤西和粤东地区生态屏障功能。自西向东沿峰帽山、天雾山、古兜山—五桂山、黄杨山—栏柯山、大罗山—飞来山、帽峰山—白云山、大岭山—银瓶山—凤凰山—羊台山构建圈层式保护结构。充分发挥自然保护区、森林公园、风景名胜区、世界自然遗产、湿地公园等优势，在外圈设置重要自然保护区，作为珠江三角洲重要水源涵养、生物多样性保护、水土保持等功能的集中区域。在珠江三角洲南侧，重点限制无序填海，建设香港米铺湿地、深圳后海湾、东莞交椅湾、广州南沙蕉门水道、中山淇澳岛、珠海大横琴岛、黄茅海湾等地为南海洋生态保护带，并利用海洋动力开展人工育滩。

西岸上游片区应积极发挥西岸上游片区在珠江三角洲“外圈生态屏障”的作用，保护西侧、北侧、东侧山脉，并通过城市绿道等方式连接城市内部的散点公园。依托天露山、罗壳山、青云山、白云山、帽峰山等南岭叠嶂的山势，利用大型山体水库，打下良好的自然基底。严格保护珠江水系上游，重点保护北江干流、西江干流水道、顺德水道、碧江等水源保护区。高度重视水资源安全，继续形成以西江、北江、珠江为核心的水系统格局，优化北江、西江交界口思贤窖水文分叉点，加大北江、珠江交界口芦苞涌、白坭河等联动整治，保护天露山、帽峰山等大型山体两侧的自然径流，作为连接西江、北江、珠江的网络要素。通过内部水系连通外部水系，优化北江、西江、东江水资源分配。加强对白云山、帽峰山到广州珠江前航道之间的水网联系，减少高密度城市开发对其的破坏。保护虎门口门两侧的大型滩涂用地，作为防海平面上升的缓冲地，减少海水入侵对广州市的影响。

西岸中下游片区应保护西侧古兜山、西樵山、天露山等大型山脉，以及连接中山、珠海两市的五桂山。应连接五桂山、西樵山至西江的大型自然径流，分流西江水系，减缓西江洪峰。加强沿海地带生态环境带保护措施，修复围填海速度过快的磨刀门，提高海湾容量和纳潮量。加强对黄茅海滩涂地的保护，缓解口门进一步缩小的趋势。应保护西岸中下游片区周边散布的岛屿，以海湾、海岛、海洋保护区、滨海湿地、红树林、珊瑚礁等生态系统为重点保护对象。必要时可进行人工育滩。

东岸片区应保护北侧、东侧的“外圈生态屏障”中的大型山脉，如青云山、莲花山等。加大连接深圳市各山绿色廊道以及潜在的大型径流，以森林公园、生态湿地等大型自然保护区作为东岸片区的生态屏障，保护山谷中的大型径流，减缓山洪对高密度城市的影响，保护深圳西侧的滨海滩涂带，尤其是深圳前海、后海等地周边的红树林鸟类自然保护区。利用同类用地聚合效应，结合多样化的水生态组团用地模式，适度插入不同规模、不同类型的物种栖息地斑块。

几何中心片区加大对南沙黄山鲁森林公园、十八罗汉森林公园的保护。通过保护大型自然径流，加强榄核河、上横沥、下横沥、洪奇沥水道之间的联系，加强黄山鲁与蕉门水道的联系。通过新增大型自然径流，加强洪奇沥水道与鸡鸦水道之间的联系。通过保护蕉门、洪奇门、横门周边的滩涂用地，缓冲海平面上升对南沙岛带来的风险。加密南沙横沥岛、佛山顺德等地内部的径流水系网络，提高水系网络的连通性，完善东江、北江、西江和珠江的自然河网，在西岸构建生态廊道体系。在东岸构建以生态景观林带、绿道网、森林公园、道路绿化带等为核心的绿色生态廊道。

（2）明晰主要存在的问题

图 5-15 是珠江三角洲水系分布与网络优化方案。从图中可以看到，总体上珠江三角洲水系发达，河道纵横。但目前一些河段由于口门面积变小，严重影响了暴雨时期的排泄。结合对珠江三角洲全域的空间演进、地势地貌、水文径流、口门环境的分析，笔者认为，珠江三角洲全域的蓝绿网络格局需要优化，通过必要的水系网络连接，减轻周边城市的防洪压力。目前问题突出的主要有以下三个河段。

①河段 1——北江上游河段。北江及其支流作为流经西岸上游片区重要的水源，对“广佛肇”都市圈的形成、广佛农业片区的发展与灌溉具有重要的影响。图 5-16 所示为 1980 年与 2018 年西江上游片区北江、珠江中部段城市空间演进，可以看到城市核心区面积扩大十几倍，人口剧增，片区的“城—水”关系也发生了劣化。近 30 年北江上游河床挖

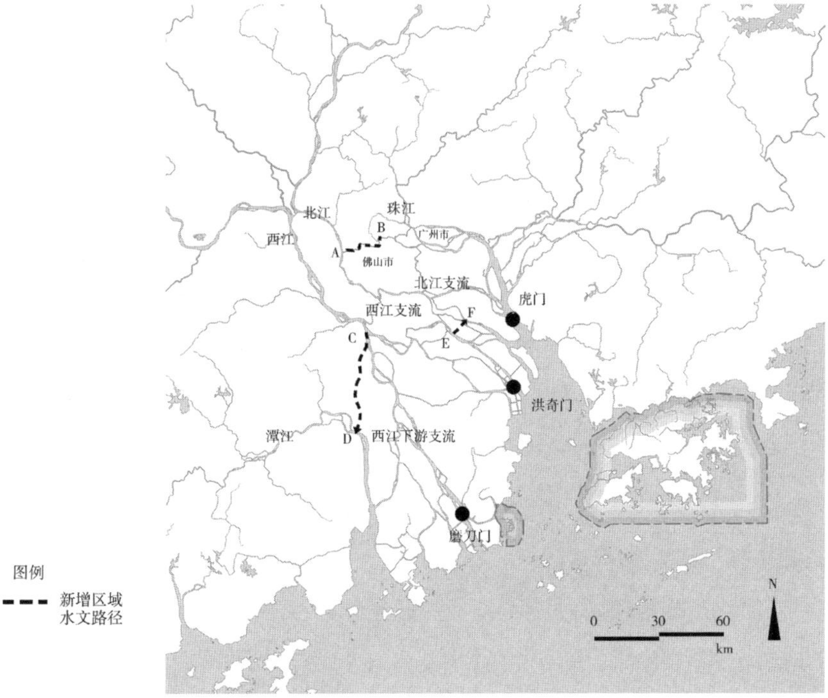

图 5-15　珠江三角洲水系分布与网络优化方案

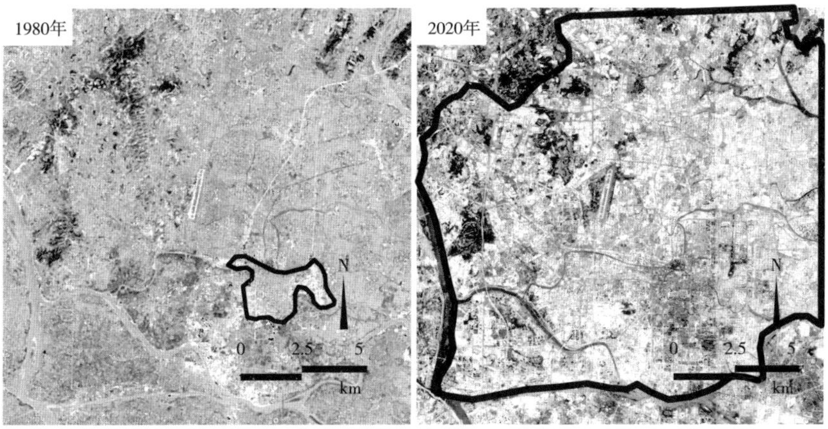

图 5-16　西江上游片区北江、珠江中部段城市空间演进（黑线为城市核心区范围）

沙的现象导致西江上游和北江上游分流分沙比失衡，从 1980 年的 7 ∶ 3 到 2018 年的 6 ∶ 4，使得 2018 年北江上游的平均河段过水量较 1980 年增加近 40%。北江支流、珠江支流束水归槽现象严重。与此同时，“广佛肇”都市圈的形成导致该片区原有大量地表水径流被阻断和渠化，北江上游过水量大幅增加，导致北江上游城市，尤其是佛山市、广州市在气候变化条件下的潜在受淹区面积大幅度增加，北江下游南沙片区沙湾、

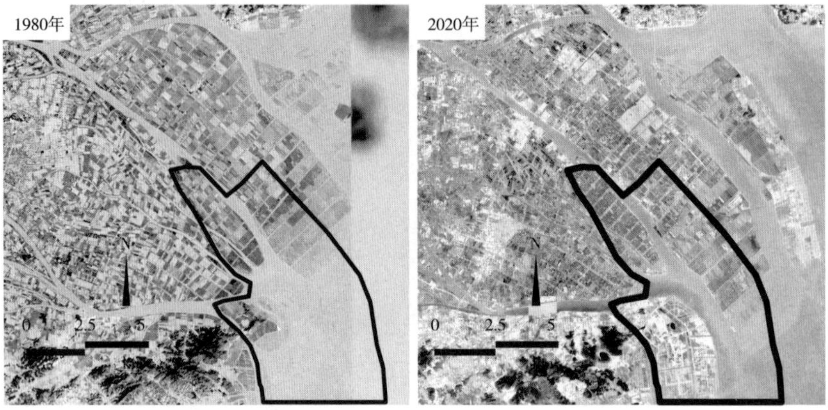

图 5-17 磨刀门空间演进（黑线内为磨刀门范围）

榄核水道过水量增大。因此，亟须减少北江上游各支流的过水、过沙量，缓解其周边城市的行洪压力。

②河段 2——西江下游河段。西江是珠江三角洲过水量、过沙量最大的水系。西江下游支流入海口是磨刀门，近 50 年来的填海建设导致口门面积急剧减少（图 5-17），支流拥堵严重。河水回溯、海水入侵的现象时有发生。西江泛洪给周边江门市的发展带来了潜在的威胁。极端气候情境下巨大的洪峰量对江门滨水地区产生严重影响，进一步加大了江门市的行洪压力。因此，有必要在西江下游支流端头处通过增加水道，将部分水分流到潭江，以缓解西江下游支流的行洪压力。

③河段 3——南沙片区河段。西江支流与北江支流交汇于南沙片区，形成了沙湾水道、洪奇沥水道、蕉门水道等区域性水道。近 20 年来，受洪奇门冲淤、南沙港发展、万顷沙填海的影响，洪奇门、横门口门淤积严重，影响了行航、蓄洪能力（图 5-18）。洪奇沥水道 1980~2018 年容积变化幅度为 -23.46%，导致洪奇沥水道行洪不畅。因此，有必要新增水文廊道，将洪奇沥水道的部分水量分流至榄核水道、蕉门水道，以减缓洪奇门的压力。

针对上述问题，在现有水系网络的基础上，挖掘潜在的网络廊道要素，连接重要的水文节点，对于提升珠江三角洲雨洪韧性水平具有重要的作用。例如，通过水系连通，优化西江、北江、珠江、东江、潭江的水资源分配，使分流比保持在合理区间，保证周边重要城市的行洪安全，以形成“水城相容、西水东调、均衡分岔”的水网格局。新增连接水系廊道一般建议规划在重要城市上游，以减少重要城市受洪灾的风险程度，

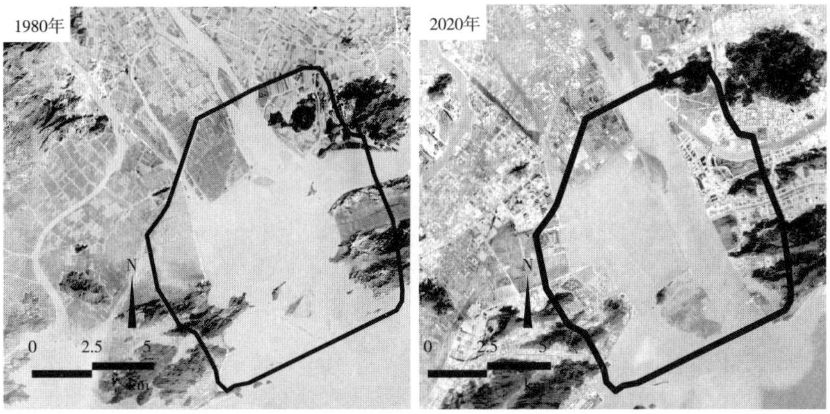

图 5–18　洪奇门空间演进
（黑线内为洪奇门范围）

在新增水系两侧增加林地、湖泊、滩涂、草地等自然斑块作为雨洪缓冲地。

5.3.2　优化跨区域蓝色网络

综合上述问题，笔者提出珠江三角洲水系网络优化方案，如图 5–15 虚线所示。

①新增水文廊道连接 AB 段，接通北江支流与珠江。现状 AB 段未连通，AB 段周边的佛山市同时受珠江和北江水位的双重防洪压力。从长远发展考虑，未来有必要新增水文廊道连接 AB 段。受地形地貌影响，AB 段为水流双向流动，因此可在 AB 端点处建立闸口调控水流方向。当珠江、广州市行洪压力增加时，可打开 B 点水闸，使得水流由 B 点流向 A 点，减小广州市潜在受淹面积。当北江上游、佛山、山水市行洪压力增加时，可打开 A 点水闸，使得水流由 A 点流向 B 点，减小北江上游、佛山、山水市的潜在受淹面积。

②新增水文廊道连接 CD 段，接通西江下游支流与潭江。结合南华水利枢纽在 C 点建立闸口。当西江支流行洪压力增加时，可打开 C 点水闸，使得水流由 C 点流向 D 点，减少西江支流对江门市、西江下游磨刀门的影响。当西江行洪压力不大时，关闭 C 点水闸，以保持西江下游各支流水位，维持西江下游的行船能力。

③新增水文廊道连接 EF 段，接通西江支流、北江支流的洪奇沥水道与蕉门水道。以缓解洪奇沥水道容量减少、洪奇门拥堵的现象。使整个南沙区未来在应对极端气候带来的洪涝灾害时具有较好的缓冲能力。

各段水系具体连接方案要以地形地貌条件、现状土地利用为基础，本研究应用最小累积阻力模型 MCR（Minimum Cumulative Resistance）模型，使水系连接路径平均阻力最低、代价最小，对三个问题河段的优化如下。

（1）西江上游片区

该片区 AB 段水廊道规划的目标是基于现状北江、珠江的自然径流与现有河道，缓解广州市、佛山市的泛洪问题，提高空间品质。图 5-19 是基于 MCR 的 AB 段廊道模拟方案，各条廊道的优劣势如表 5-8 所示。

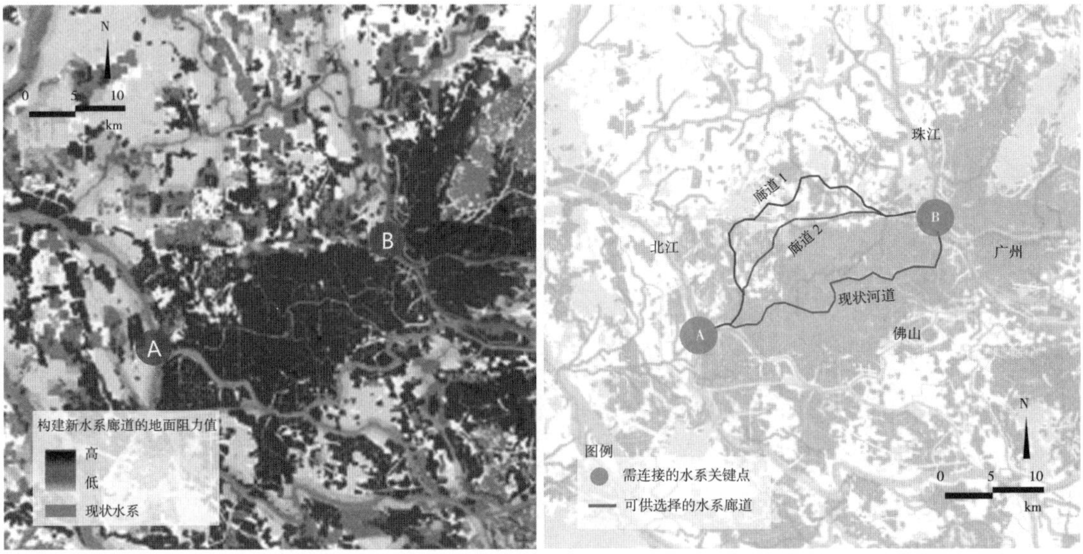

图 5-19　基于 MCR 的 AB 段廊道方案

AB 段廊道的优劣势分析　　**表 5-8**

可选择开发的水文廊道	优势	劣势
廊道 1	· 不经过佛山市、山水市主城区，可以减少潜在水患对佛山市的影响； · 途经大部分生态区域，可结合生态岸线营造自然保护区； · 周边低洼地较多，空间储备充足，可结合低洼地设置大型泛洪区	· 廊道相对较长； · 建设过程中可能会破坏一些动物栖息地，使得部分动物迁移
廊道 2	· 空间物理廊道最短，开发成本较低； · 途经地势最平缓，建设后水流较为稳定	· 经过现状城乡接合部，如未来该廊道沿线开发，将增加水系保护、治理要求
现状河道（佛山水道）	· 可对现状佛山水道加以改造以增加河道宽度，增加排洪能力，改建成本较小； · 水系可促进佛山市的城市活力得到进一步的提升	· 途经佛山市主城区，对其会产生一定的水患风险； · 需要更高的防洪标准，如沿河两岸设置大型硬质堤坝，以满足佛山市的防洪需求

综合上述优劣势分析，笔者建议在加强原有廊道的基础上，同时新增廊道 1。这样一方面可以结合廊道 1 大面积的可泛洪区，对极端气候下北江、珠江过量来水进行缓冲，实现北江、珠江间水系连通的灵活性；另一方面还可以增加佛山市城市活力，促进公共空间品质。

（2）西江中下游片区

该片区水廊道规划的目标是利用现有南华水利枢纽，通过连接 CD 点连接西江下游和潭江水系，分流西江水量，保护江门市，缓解磨刀门水沙淤积问题。

图 5-20 是基于 MCR 的 CD 段廊道模拟方案。它沿着古兜山，形成新的城市公共空间活力主轴，提高了西江与潭江间的景观空间品质，促进了江门北侧、西侧新城的发展。

（3）几何中心片区

该片区水廊道规划的目标是利用南沙区现有丰富的水网资源，通过 EF 廊道，连接洪奇沥水道和蕉门水系，对洪奇沥水道进行分流，减缓洪奇门拥堵的情况。

图 5-21 是基于 MCR 的 EF 段廊道模拟方案。各条廊道的优劣势如表 5-9 所示。综合上述优劣势分析，考虑到南沙区、明珠湾区未来的城市发展趋势，笔者建议新增廊道 2。一方面可以避免水质被污染；另一方面也可以结合周边的十八罗汉森林公园、滨奇沥水道、潭洲沥水道形成新的空间景观轴线，提升南沙明珠湾片区未来发展的空间品质。

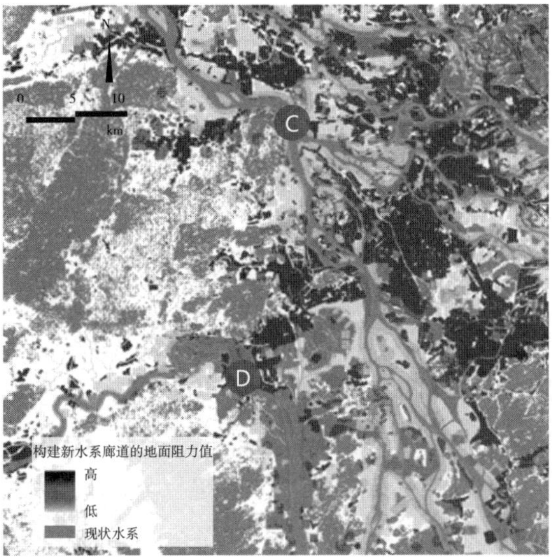

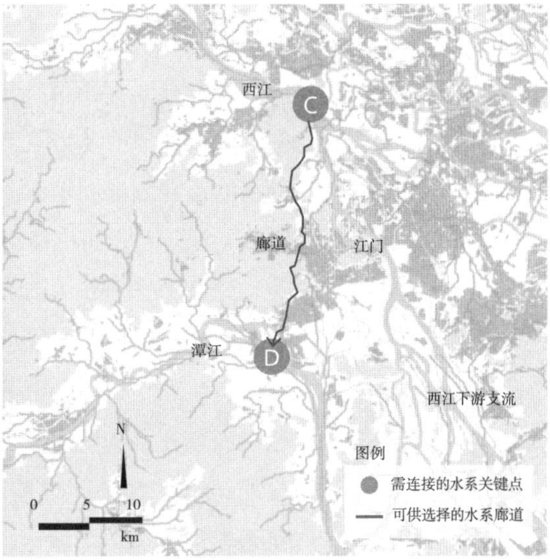

图 5-20　基于 MCR 的 CD 段廊道模拟方案

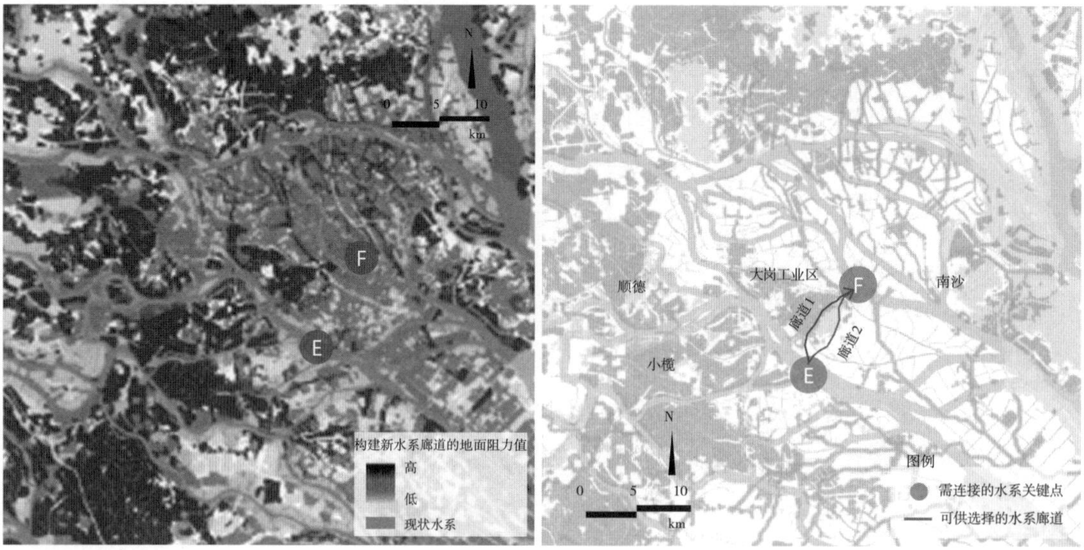

图 5-21 基于 MCR 的 EF 段廊道模拟方案

EF 段各条廊道的优劣势分析 **表 5-9**

可选择开发的水文廊道	优势	劣势
廊道 1	·空间距离短，建设成本较低； ·现状水系机理较为平直，有利于水系连接	·水系会经过昌安、沙坑工业园，水质存在被污染的可能性
廊道 2	·可结合现状水系，对未来南沙中心区、明珠湾片区的城市发展带来积极影响	·受“基塘”机理影响，现状水系机理较为曲折，河段连接较为困难

5.4 滨海岸线

海岸线是保障珠江三角洲防洪防潮安全、优化水文生态环境的重要空间要素，具有水陆交界的地域特征。根据《西、北江下游及其三角洲网河河道规划洪潮水面（试行）》中的标准，本章所指的珠江三角洲滨海岸线的地理范围指岸线本身及离岸 500m 范围内的土地。

珠江三角洲滨水岸线经历了缓慢的自然淤积过程和近 50 年的快速填海过程。图 5-22 是近约 40 年珠江三角洲填海导致海岸线变化的现状。可以看到，西四口门高栏岛、三灶岛、横琴岛以及东岸前海、深圳湾等地岸线变化最为明显，平均填海速率为 220m/a，约占珠江入海口平均宽度的 0.5%。1980 年以前，珠江三角洲的城市发展主要集中在广州、佛山等远离珠江口的老城区。这一时期，由于岸线土地肥沃，雨量充沛，大

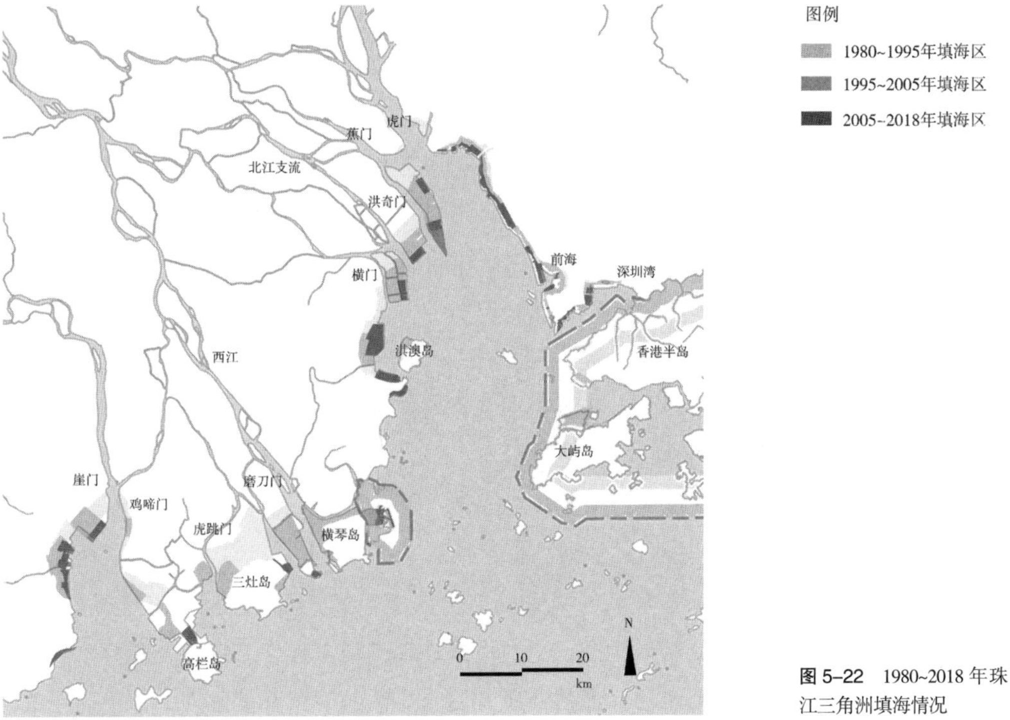

图 5-22　1980~2018 年珠江三角洲填海情况

部分滨海岸线段以农业围垦为主，种植甘蔗、水果以及养殖水产。1980 年以后，特别是 20 世纪 90 年代后期广州南沙、深圳西海岸等地的房地产开发和港口建设导致成片的滩涂地被改造，口门河势、地形、水情发生了很大变化，加大了滨海地区防洪（潮）压力。

关于基于雨洪韧性的滨海岸线规划，本书在第 2 章第 6 节中已对其空间特征和规划要点作了详细阐述。在此基础上，本章重点就岸线主体及功能区优化和滨海缓冲带营造进一步展开阐述。

岸线功能区划分指基于各岸线段所处的不同水文生态条件和防洪（潮）需求，未来滨海岸线根据实际情况，因地制宜地确定不同的岸线功能。滨海缓冲带指积极利用现状堤防的外侧滩涂地、堤防内侧公共空间等要素，实现滨海岸线平时和洪涝灾时功能相结合。

（1）依据岸线评估划分功能区

基于岸线评估的功能区划分是实现滨水区雨洪韧性的重要抓手，对珠江三角洲未来城市发展具有重要意义。滨海岸线功能划分建立在岸线条件评估、未来发展情景预测的基础上。

滨海岸线功能区划分包括以下五个主要步骤。

步骤一：岸线分段。

本章采用基于自然地理标示的岸线分段方式。根据岸线及周边500m范围内的地形地貌和滨海水文生态、地质等因素，将全域滨水岸线分为若干段，作为研究和规划的基本模块。相对于基于行政边界划定的岸线段划分，这种基于自然地理的岸线划分更能顺应珠江三角洲滨海岸线的自然格局，有利于雨洪韧性的提高。

步骤二：岸线现状识别。

基于土地利用遥感图像与实地调研，在进行几何校正、投影定义、目视解译后，将现有居住用地、商业用地、工业用地、道路广场归为已开发用地，将林地、湿地、园地、红树林、耕地、鱼塘归为未开发用地。识别各段内的用地开发情况，作为后续岸线功能区划分的基础。

步骤三：岸线特征评估。

综合考虑各岸线段周边水文生态、防洪（潮）安全等方面的因素，重点从水域稳态、土地沉降速率、受淹程度、特殊资源分布、台风5个重要因子展开评估，研判滨水岸线的城市开发条件，为优化岸线功能提供依据。

①水域稳态：即岸线周边水域是否有明晰的冲淤现象，是预测未来滨海岸线形态变化的主要依据。根据《珠江流域防洪（潮）规划》中划分的标准，年平均海岸线进退距离大于25m时，即认为该段冲淤现象明显，河道不稳定，土地开发条件差。

②土地沉降速率：表征各岸线段场地内土地沉降的快慢情况。年平均土地沉降速率大于5mm时，则土地开发条件差。

③受淹程度：表征在未来海平面上升0.5m与现有堤防高度的条件下，各岸线段内场地受洪水影响而被淹没的深度。当洪水受淹深度大于0.5m时，则土地开发条件差。

④特殊资源：主要指岸线内是否有红树林自然保护地等可缓冲洪水的自然保护区。当岸线地内有红树林等重要的生态保护用地时，则岸线内土地需要加以保护，不得开发。

⑤台风：指岸线直接成为台风登陆地的概率。

步骤四：岸线功能分类。

珠江三角洲滨海岸线功能区的划分应正确处理好流域保护与开发、近期利益与远期利益的关系，将维护河口水文生态环境的稳定性作为雨洪韧性规划的前提。综合上述 5 个单项因子的评估结果，确定未来各岸线段的保护与开发方式。

本章将珠江三角洲海岸线划分为保护区、开发区、控制开发区三大功能片区。

①岸线保护区：指场地条件不适宜开发建设、对维持口岸线稳定或对保障水文系统和生态长期健康运行具有积极作用的岸线及离岸线 500m 以内的土地。这些岸线段是保障岸线生态和水文系统稳定的重要节点，通常位于冲淤明显、滨海水域水文条件不稳定、土地沉降速率快、未来受洪水淹没程度高、场地内有需要保护的特殊资源等的区域。岸线保护区要充分保护大堤外侧滩涂、湿地等空间要素，积极营造滨水涵养林、红树林等高生态蓝绿斑块，结合河口水文动力，塑造岸线形态，还河流以空间。对于岸线保护区，禁止大规模工程建设、河床采砂、口门围垦等开发活动。

②开发利用区：指适宜城市开发，且开发后不影响岸线周边水文生态稳定的岸线段及离岸线 500m 以内的土地。岸线开发利用区通常位于滨海水域稳定、土地沉降速率低、洪水受淹没程度低、场地内无需要保护的资源的区域。岸线开发利用区是未来建设土地的主要供给者，对珠江三角洲社会经济的发展具有积极的推动作用。开发利用区内可安排装备制造业、临港工业港区、居住区等。

③控制开发区：指除岸线保护区和开发区以外的、适宜性综合评价中等偏下、一些区块在某些单项指标上存在明显不足的岸线段及离岸线 500m 以内的土地。对于控制开发区，在可开发的土地资源枯竭后，作为今后开发土地的候补。

步骤五：功能区优化。

结合滨水岸线功能分类，优化滨海岸线功能区分布。对现状与土地适宜性分类不匹配的重点岸线，作出必要的调整。特别是对现状已经开发的保护区内的土地，要进行必要的生态补救措施，拆除高危涉水工业建筑等措施。适当引入林地、园地、空地等，通过海堤外侧的沙丘、滩涂地及在海堤内侧扩大承洪空间，对岸线进行优化。

（2）优化岸线

根据以上步骤，结合珠江流域数字高程地形图（DEM）、《珠江流域防洪（潮）规划》《西、北江下游及其三角洲网河河道规划洪潮水面（试行）》《广州市防洪（潮）排涝规划 2010—2020》《深圳市防洪（潮）排涝规划 2010—2020》中的水文数据，应用 ArcGIS 软件，将珠江三角洲滨海岸线划分为 310 个子段，其中最长的子岸线段为 3.2km，最短的子岸线段为 1.0km。对各子段的现有土地利用情况的分析如图 5-23 所示。可以看到，虎门、蕉门、崖门、鸡啼门、前海、淇澳岛、横琴岛、高栏岛周边岸线段已开发程度较高，部分岸线段的开发已趋于饱和，部分滩涂地建设已损害了红树林等植被的种植环境，影响了蕉门、磨刀门等口门地区纳潮防洪功能，威胁岸线防洪安全。

珠江三角洲滨海岸线评估如图 5-24 所示。从图中可以看到，在冲淤方面，八大口门处的水沙冲淤速率明显快于其他岸线段，尤其是洪奇门、横门、磨刀门处非常明显。口门淤积会导致河水回溯现象，影响南沙区明珠湾、珠海横琴岛未来的城市发展。在土地沉降方面，磨刀门、洪奇门、横门及其周边区域受填海及地下水抽取的影响，土地沉降速率大于其他区域。在特殊资源分布方面，万顷沙、淇澳岛、深圳湾、米铺、三灶岛等地有成片红树林区保护区。在未来气候变化、海平面上升的条件

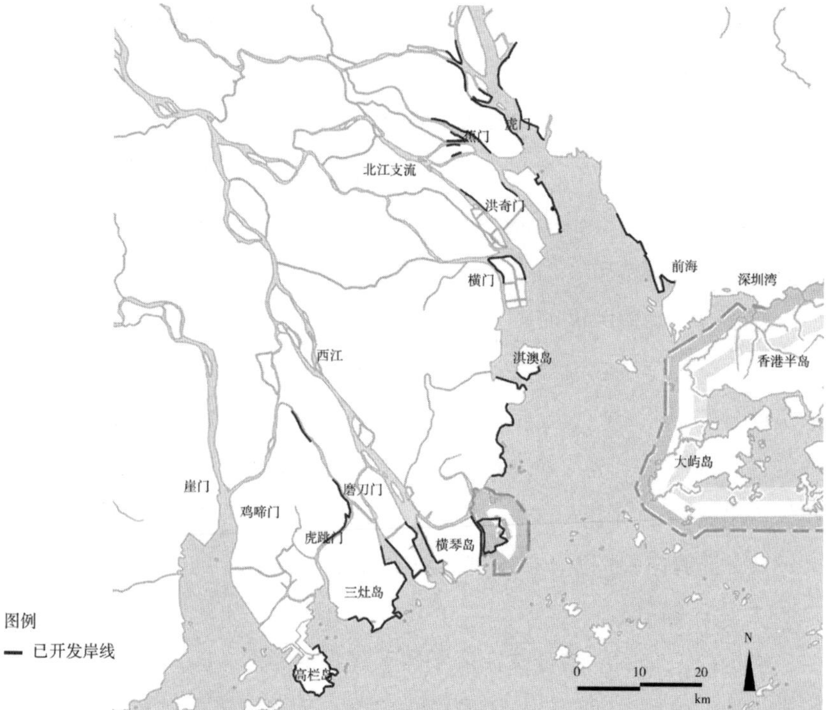

图 5-23 珠江三角洲滨水岸线土地开发情况

下，东四口门的受淹区面积与平均淹水深度较西四口门深，防洪（潮）等级低。

在滨海岸线评估的基础上，笔者提出了滨海岸线功能区划分，如图 5-25 所示。岸线保护区主要分布在各口门、红树林保护区附近，以及各河网交叉处、河道凹凸岸、河道中心岛处。控制开发区主要分布在西江下游支流附近，以及三灶岛、横琴岛处。开发利用区主要分布在南沙万顷沙、珠海滨水区附近，这些地区开发潜力大，对周边水文生态影响小。

对比图 5-23 与图 5-25，进而对现状功能不匹配的若干重点岸线段提出调整建议。例如，图 5-25 中的 AB 段，现状为珠海城市高密度发展滨海岸线。由于淤积现象严重导致岸线水位增高。未来可结合堤防，在外侧滩涂地设置滨水湿地，在内侧增设缓冲地、公园、湿地等。CD 段

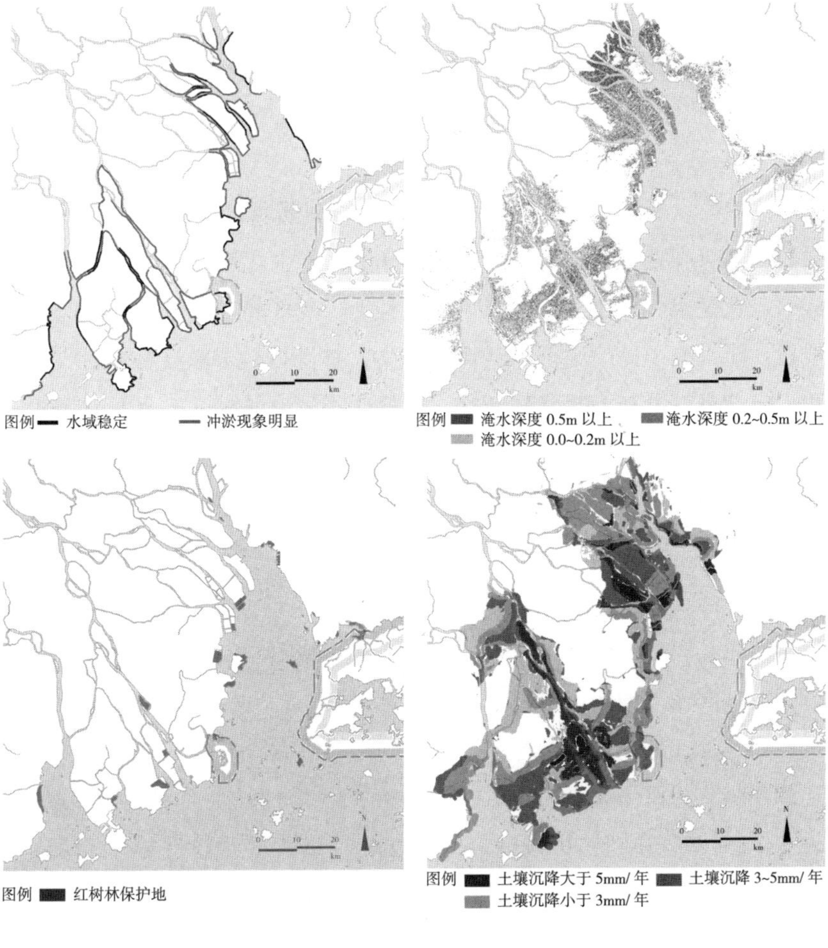

图 5-24　珠江三角洲滨海岸线评估

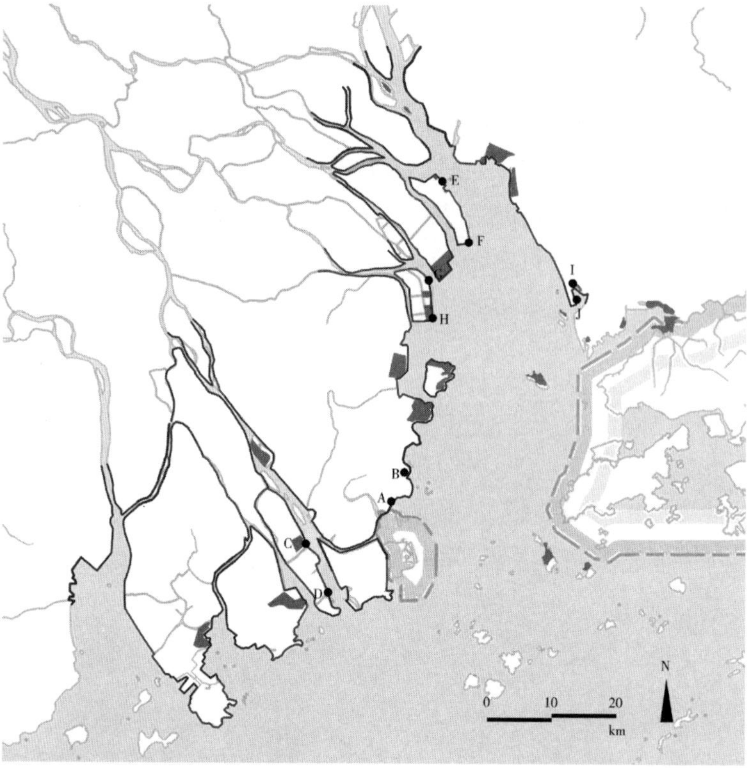

图 5-25 滨海岸线功能区划分

现状为填海发展的工业发展区，对磨刀门的纳潮能力造成较严重的影响，大量涉水工业建筑占用了滩涂地。未来应采取生态补救措施，拆除一些涉水工业建筑，在工业发展区内引入林地、园地和空地等，调整现状岸线段功能，减小口门压力。EF 段现状为南沙港口，未来需要控制填海面积，定期做好港口河床清淤工作。IJ 段现状为深圳蛇口工业区，未来应加强对此类工业区的整治工作，对部分用地功能进行置换，增加岸线自然用地占比，避免因进一步开发过度导致对水环境和生态环境造成不可逆的影响。

（3）构建滨海缓冲带

构建滨海缓冲带可减缓洪（潮）水对场地的冲击，缓解填海对珠江口海湾纳潮量的影响。滨海缓冲带的营建要综合分析口门动力特征、河道冲淤状况，依据水动力平衡，确定各岸线段堤防内侧滨海禁建线的退建线距离。例如，南沙区滨海岸线是由河道冲淤和人工围垦共同形成的，表 5-10 对南沙岸线特征进行了预测，图 5-26 为南沙口门与冲淤河道分布。结合水动力的计算，在蕉门水道、凫洲水道、洪奇沥水道、沙湾水

南沙新区自然基底变化预测表　　表 5-10

项目	空间特征	未来变化预测
岸线演进	自然演进：9m/a；农业时期：15~40m/a；工业化时期：50~130m/a	南沙街（沿虎门侧）岸线侵蚀幅度增大；万顷沙和龙穴岛将不断向东南延伸
口门特征	东四门占珠江三角洲总年径流量的 53.4%，输沙量占 47.7%；虎门为潮汐口门；蕉门、洪奇门和横门为径流口门	蕉门、洪奇门和横门会持续以径流动力体系为主导；蕉门过境水沙量增大
冲淤特征	蕉门、洪奇门和横门约 1/3 水沙量沿凫洲水道并入虎门潮汐动力系统，较大程度地减小西滩向外淤积扩散速度；南沙区海潮属于不规则半日潮，平均潮差 1.2~1.6m，最大可达 3.4m	凫洲水道水沙量会增加，并入虎门潮汐通道动力系统；西滩向外淤积与扩散速度减小

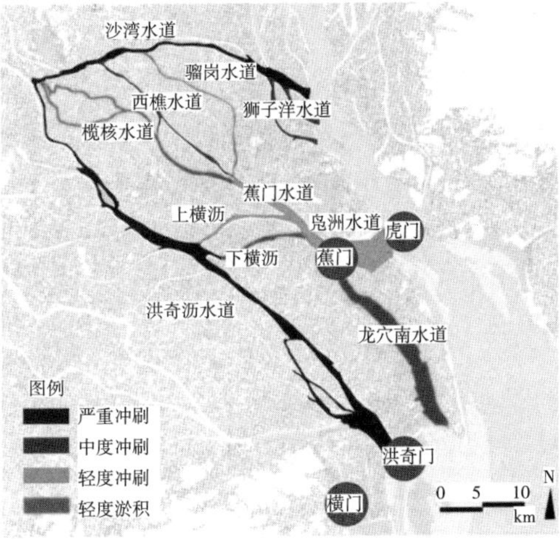

河道	1980~1999 年河道容积变化幅度	冲淤情况
沙湾水道	-51.44%	严重冲刷
榄核水道	8.04%	轻度淤积
骝岗水道	0.59%	轻度淤积
狮子洋水道	-15.2%	中度冲刷
上横沥	-5.33%	轻度冲刷
下横沥	0.47%	轻度淤积
洪奇沥水道	-23.46%	严重冲刷
蕉门水道	-2.32%	轻度冲刷

图 5-26　南沙口门与冲淤河道分布

道、西樵水道这些流速快、冲刷显著的水道两侧，应设置 100~200m 缓冲带，以保护浅滩、湿地、公园、滨江涵养林等高生态价值蓝绿斑块。而对于其他河道，建议设置 50~100m 缓冲带。对于蕉门水道、凫洲水道两侧，由于现状空间密集程度较高，无法设置较宽的滨海缓冲带，规划的重点应落在多样化空间的营造上，结合建筑物间的空隙设立缓冲预留地节点。

5.5　本章小结

本章在上一章分析的基础上，应用雨洪韧性城市规划规划理论和方法，从以下主要方面提出了珠江三角洲雨洪韧性规划策略。

①合理利用土地是实现珠江三角洲雨洪韧性的核心。顺应自然条件、

适应生态水文基底的土地利用模式，可以最大限度地避免雨洪灾害的发生。在土地适宜性评价的基础上，提出了全域土地利用规划，重点阐述了珠江三角洲“三层空间协调发展、四类空间分类建设”的观点，对城镇发展区、环珠江口综合发展区、生态保护区、农业区、海陆统筹区等空间提出了针对性的建议。

②蓝绿网络是珠江三角洲雨洪韧性空间规划的基本骨架。从外圈屏障、城镇整治、沿海生态屏障等维度，阐述了积极发挥自然生态系统的自净能力，控制各个方向流入珠江三角洲城镇圈的径流，逐级减缓对珠江三角洲主要城市的风险的总体思路，提出了打造跨区域生态廊道、整合区域自然资源、优化蓝绿网络的规划思想。

③海岸线是保障珠江三角洲雨洪安全、优化水文生态环境的重要空间要素，分别从岸线现状、岸线评估及功能分区、岸线优化、缓冲带营造 4 个方面进一步展开阐述，并提出了相应规划策略。

第 6 章

珠江三角洲城市片区雨洪韧性规划策略——以明珠湾横沥岛防洪排涝为例

本章选取南沙区明珠湾横沥岛作为雨洪韧性城市规划理论、方法在珠江三角洲片区实践的典型案例。明珠湾横沥岛是南沙区最重要的核心区块。随着该岛的开发强度日益增大，防洪排涝问题凸显，未来发展对雨洪韧性的需求更加强烈。本章从地理位置、内外水系、高程、地表径流、土地沉降、集水区、防洪排涝设施等方面介绍了横沥岛现状，对未来极端气候下雨洪情景进行了预测，分析了横沥岛现状面对极端气候引发的强雨洪风险时存在的问题，并基于雨洪韧性城市规划理论和方法，广泛应用雨洪韧性城市规划的地域性、多样性、模块化、冗余性、网络连通性、多功能等技术，提出了明珠湾横沥岛“三层协同的防洪（潮）排涝”规划策略，详细阐述了具体的规划措施。

6.1 横沥岛地理条件

6.1.1 地理位置

横沥岛位于南沙区明珠湾的核心位置，占地面积 17.9km^2，岛内水域面积 0.78km^2，东与虎门隔海相望，西连中山市，距香港 70.3km，距澳门 76.1km。距横沥岛 60km 范围内共有 14 个大中型城市。横沥岛是区域性水、陆交通枢纽（图 6–1），是蕉门水道、凫洲水道、上横沥、下横沥和龙穴南水道的交汇区。蕉门水道、上横沥和横沥是中山市、江门市通往广州和东莞等地的重要水运航道，也是珠江三角洲腹地的出海廊道。

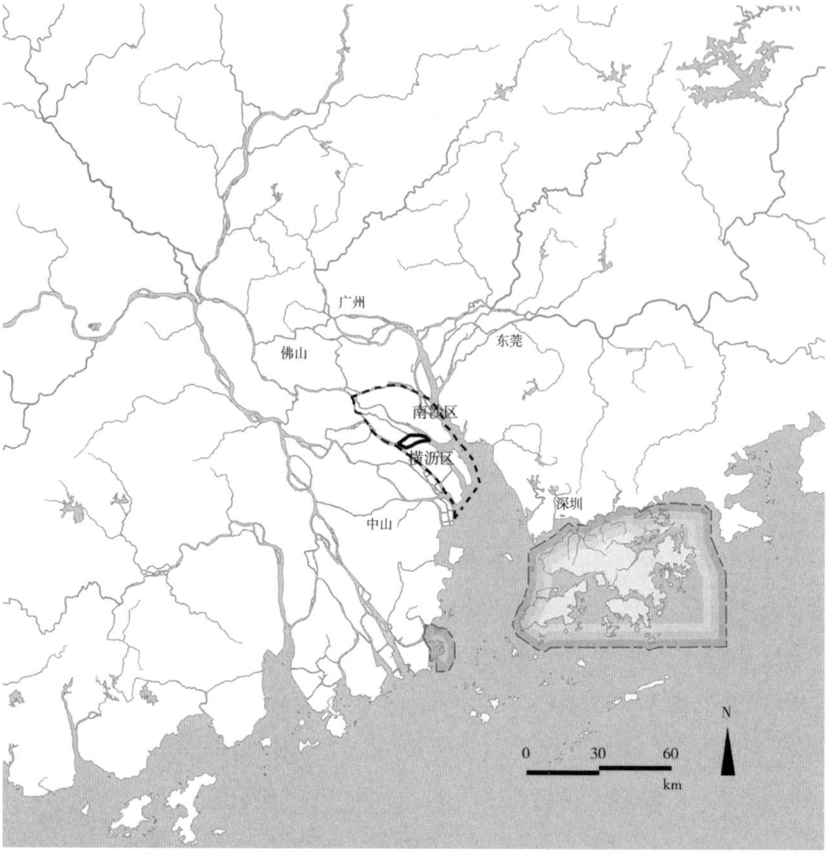

图 6–1 横沥岛空间位置

6.1.2 外河道水系

明珠湾横沥岛外河道水系主要过境水道有蕉门、上横沥和下横沥水道，以下称这三条水道为外水道（图 6–2）。外水道岸线总长约 21.8km。蕉门水道平均河宽为 800m。上横沥和下横沥水道平均宽 300m。东北侧的蕉门水道于上游由榄核、西樵、骝岗三个水道在亭角汇合流入，在中游与洪奇沥水道的分支——上、下横沥水道汇合，由雁沙尾至南沙，全长 16km。蕉门水道的出口断面在南沙，口外是两条水下深槽，一条沿南面万顷沙岛自西北向东南延伸，成为龙穴南水道。另一条沿南沙向东延伸，汇入狮子洋，成为凫洲水道。洪奇沥水道于洪奇门出海，其上游由李家沙水道和容桂水道在板沙尾汇合而成。

基于 1998~2015 年的数据，外河道各断面冲淤状况见图 6–3。可以发现，蕉门水道和上横沥水道的河床下切，过水面积增大，水流速度加快。而下横沥水道微淤，河床局部抬升，过水面积下降，水流速度减缓。

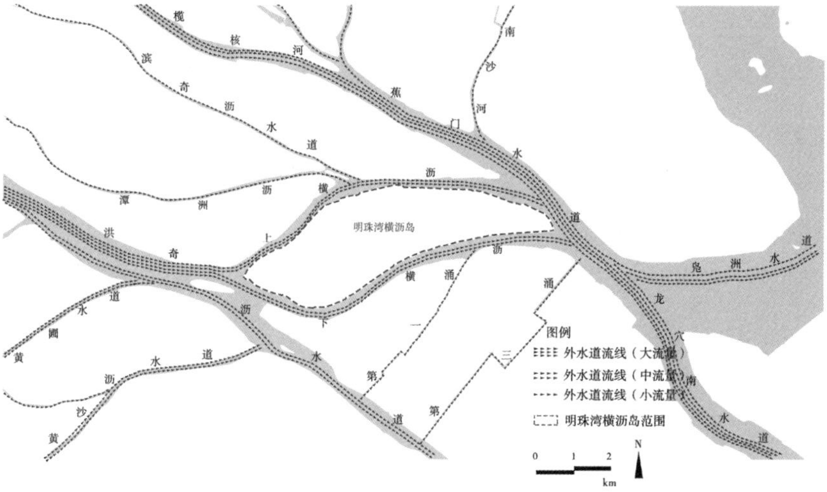

图 6–2　横沥岛外河道水系

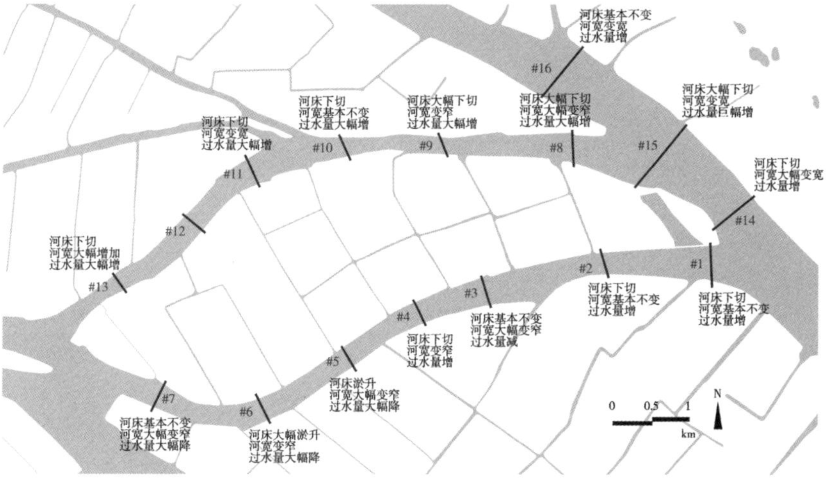

图 6–3　横沥岛外河道各断面冲淤状况

蕉门水道平均下切 2.7m，与上、下横沥的交汇口段（#15、#8）下切幅度最大。上横沥 #9 段下切幅度较大，下横沥在京珠高速桥—南沙段（#6）淤升较大。蕉门受通航河道的持续疏浚的影响，平均河宽扩幅达 18% 以上，过水面积增大，尤其表现在 #14 段。上、下横沥两岸滩涂地较少，河宽基本不变。上横沥由于下切关系，断面过水面积变化较大。除了在 #6 段面积缩小 8% 以外，其余下横沥河段过水面积变化较小，河段平均变幅不足 3%。洪奇门尾部堵塞严重，泄洪能力较低。

6.1.3 内河涌水系

长期以来，受珠江三角洲桑基鱼塘模式的影响，横沥岛内河涌众多，坑塘洼地星罗棋布，形成了密集的水体网络，水面率为 4.3%。内河涌总面积 0.78km^2，各条内河涌宽度和形态不同，功能也不尽相同，河涌堤顶高程为 2.3m 左右。图 6–4 是横沥岛内河涌水系流向图，水文流向以义沙涌为界，西侧由西向东流，东侧由东向西流。在南北侧方向上，水文流向由北向南流。外水道与内河涌水位通过交汇点进行调节。整个横沥岛被内河涌堤围分成几十个小区域。现状内涌河道拥挤，储水能力不足。当内涌水位上涨时，周边民居会直接暴露于水灾之中。

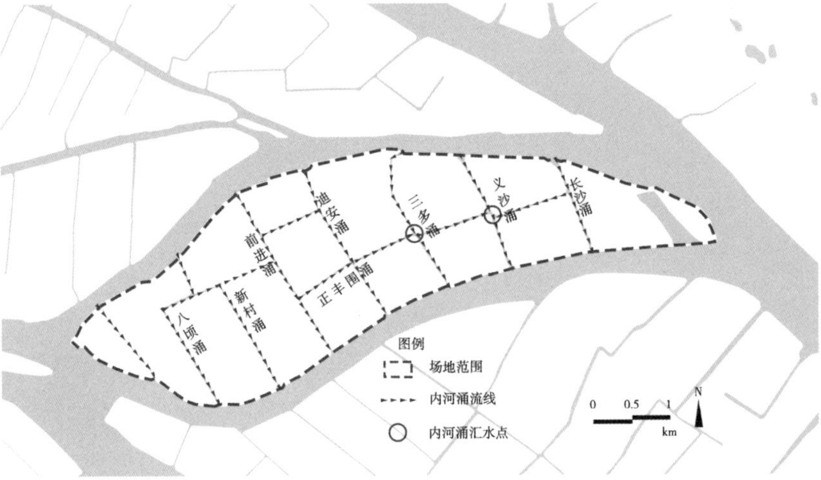

图 6–4 横沥岛内河涌水系流向

6.1.4 高程

图 6–5 和图 6–6 分别是明珠湾高程分布和横沥岛高程分布。横沥岛平均在高程 1.0m 以下（珠江基础），图 6–7 是横沥岛高程剖面，其中最大高差为 6.8m。图 6–8 是横沥岛现状坡度分布，地形比较平坦，高差在 1.0~1.5m 之间，西高东低，北高南低，中部高，两侧低。

受洪水、潮汐的双重影响，横沥岛每日经历 2 次高潮与 2 次低潮，外河水位和内河涌水位一直处于动态变化之中。除了海平面上升、极端高潮带来的水面增高现象，每日潮汐变化水位也是影响场地的主要因素。外水道由于受每日潮汐影响，其每日水面高程波动最大可达 3m 以上，平均在 1.5m 以上。在极端高潮、50 年一遇以上潮水、日均高高潮时三种情

图 6–5　明珠湾高程分布

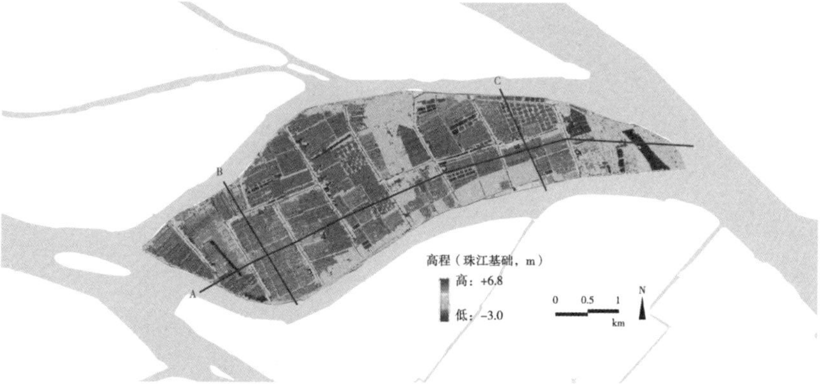

图 6–6　横沥岛高程分布

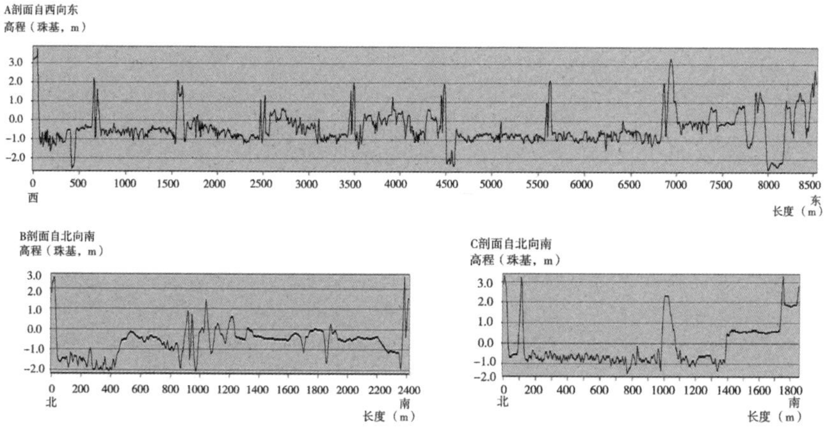

图 6–7　横沥岛重要高程剖面

况下，外河水位、内河涌和横沥岛内场地高程的相对关系为外水道水位高程＞岛内场地高程＞内河涌高程。而在 50 年一遇以下潮水、日均常水位、日均低低潮三种情况下，外水位、内河涌和横沥岛内场地高程的相对关系为内场地高程>内河涌高程>外水道水位（图 6–9）。外水道日均高高潮超过横沥岛内高程 2.3m 左右。

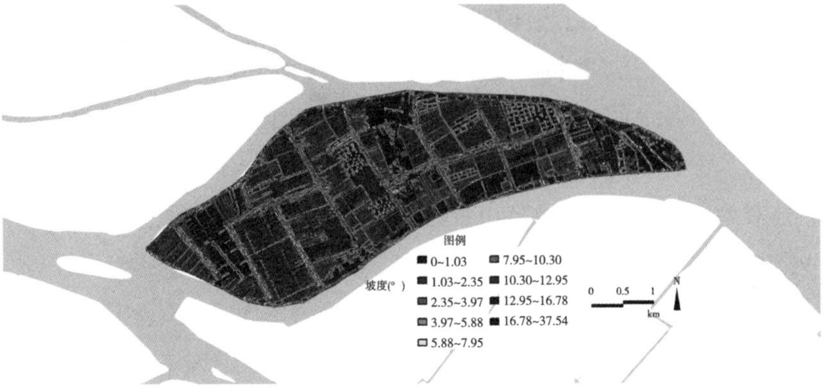

图 6–8　横沥岛现状坡度

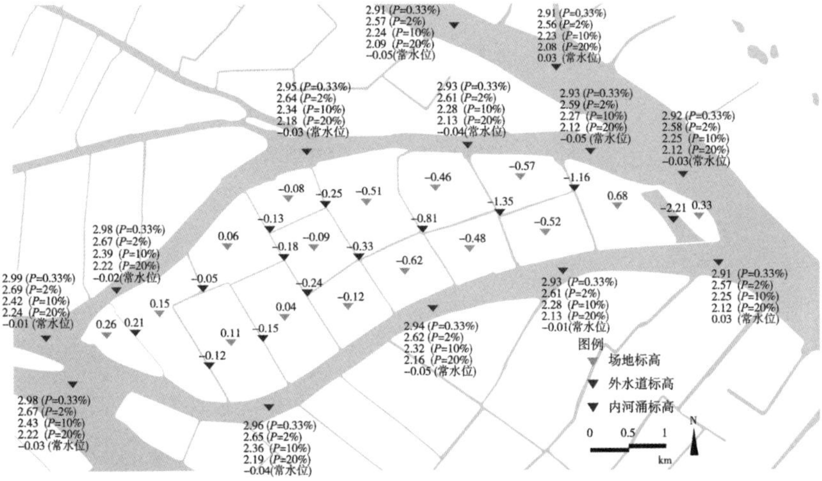

图 6–9　横沥岛“外河道—内河涌—内场地”相对高程关

6.1.5　地表径流模拟

地表自然径流是横沥岛水系统的重要组成部分。当降雨强度超过地表土壤的渗透速率时，将产生潜在的地表自然径流。这些自然径流汇合周边的分支，最终汇入水系干廊。研究基于地形高程模型和现状河道及河涌分布，利用 ArcGIS 水文分析软件，对横沥岛的“源—汇—流”水循环进行模拟，如图 6–10 所示。

从图中可以看到，由于目前横沥岛东、西两侧目前尚未进行大规模开发，自然径流密度高于横沥岛中部。这些潜在地表径流从场地中部向两侧蔓延。受地形影响，高程较低、坡度大的区域潜在地表径流量较大。

这些自然径流对防涝疏导、促进场地水系统循环起到了重要的作用。

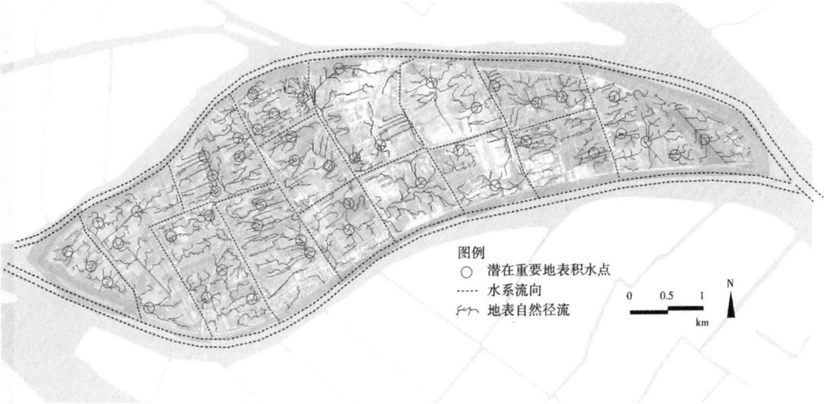

图 6–10　横沥岛现状地表自然径流模拟

6.1.6　土地沉降

横沥岛是由珠江三角洲上游北江、西江及其支流径流，以及下游蕉门、虎门潮流冲淤形成的冲积平原，岛内土壤大多为海潮淤泥和软土，部分地区的软土层厚度达 40m，地下水位较浅。暴雨冲击时土壤易达到过度饱和而不产生下渗作用。土地沉降为 3~4mm/a（图 6–11），较珠江三角洲平均土地沉降率高 20%。

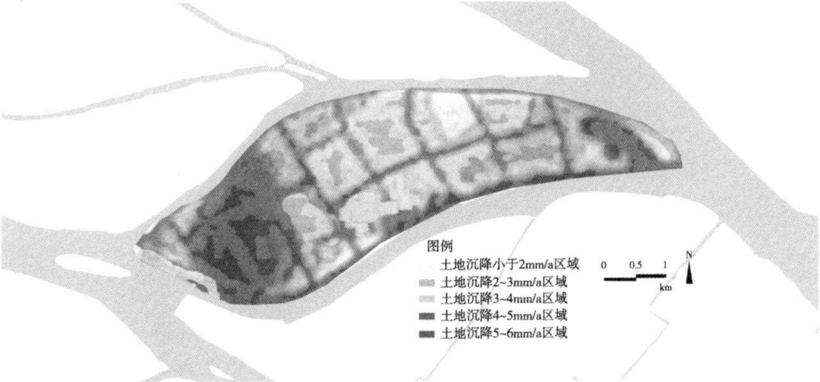

图 6–11　横沥岛土地沉降

6.1.7　土地利用

横沥岛现状土地利用主要为耕地和鱼塘，仅中部小范围已开始城镇化建设。大堤外侧只能种植潮间带植物（如红树林等）。横沥岛土地利用演变过程对场地水系统的影响如表 6–1 所示。

横沥岛土地利用变化对场地水系统的影响 表 6–1

序号	拍摄时间	卫星影像	较上次拍摄时间的土地演变特征变化
1	2009 年 12 月 11 日		· 上横沥北侧灵山岛片区农田不变； · 场地中部横沥大道周边为主要开发地带； · 场地南侧已有部分工厂和渔村
2	2015 年 10 月 21 日		· 上横沥北侧灵山岛尖片区开始大规模建设； · 连接灵山岛尖、横沥岛与万顷沙的凤凰大道、凤凰二桥、凤凰三桥开始建设
3	2018 年 3 月 11 日		· 凤凰大道、凤凰二桥、凤凰三桥建成； · 东部南侧（凤凰三桥附近）开始土地整平； · 中部南侧（下横沥大桥附近）开始土地整平； · 横沥地铁站选址于此，周边开始建造大型商住混合区
4	2019 年 6 月 15 日		· 中部（横沥大道）开始大量土地开发； · 广州地铁 18 号在建，横沥地铁站在建

6.1.8 集水区现状

集水区是集中汇水和排水的场所，也是雨洪管理的基本单元。对于尺度较大的场地，集水区是以地形山脊线、河流、河涌、径流等为边界，由多个集水单元构成的系统。图 6–12 是横沥岛集水区分布。根据河道、河涌及微起伏的地形条件，横沥岛现状有 15 个集水区，分别为东 1~ 东 5、中 1~ 中 5、西 1~ 西 5 区。

横沥岛各集水区有关信息及基本参数详见附录。结合场地功能，可以综合利用这些潜在洼蓄地、地表自然径流、水系统重要节点作为自然蓄水用地。

图 6-12　横沥岛集水区分布

6.1.9　防洪基础设施现状

横沥岛现状防洪排涝系统由外围堤防、内河涌、水闸及泵站等组成。现状堤防高程、内河涌高程及水闸泵站等基础设施分布及技术参数如图 6-13 所示。外河道堤防普遍采用堤路结合形式，堤顶高程为 3.2~3.8m，堤顶宽为 5~7m。堤身为砂质黏土，两侧有草皮护坡。相当一部分堤段的堤顶高程较低，堤顶窄，堤身单薄，防洪（潮）能力低。部分堤段的堤防工程未完全闭合。图 6-14 是现状防洪大堤掠影，总体上防洪（潮）标准严重偏低，高程不统一，未能形成良好的闭合圈，是未来防洪（潮）的巨大隐患。

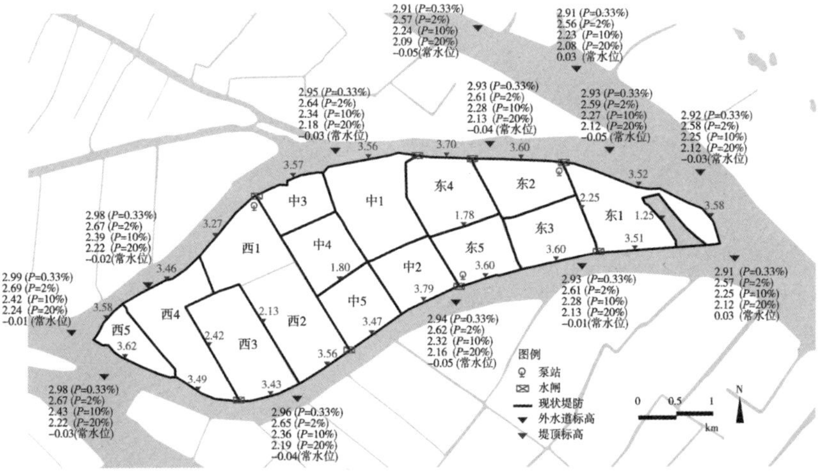

图 6-13　横沥岛基础设施分布和外河道水位高程

图 6–14 横沥岛现状防洪大堤掠影

6.1.10 排涝基础设施现状

由于三角洲河口特性，横沥岛土壤在特大暴雨时过饱和，雨水难以通过土壤下渗，只能通过地表自然径流、市政雨水管道流入低洼区，最后就近流入内河涌。由于内河涌储水容积有限，在特大暴雨期间内河涌水位高于河涌两侧地面高程而发生溢流，只有依靠排涝基础设施。一方面，关闭连接外河道与内河涌的水闸系统，防止高水位的外河道水向低高程的内河涌倒灌；另一方面，启动泵站系统，将内河涌水排入外河道，以降低内河涌水位。因此，内河涌容量大小及水闸、泵站等基础设施建设对于横沥岛防洪（潮）排涝具有重要的影响。

现状内河涌宽度和深度均不足，贮水容量有限。特别是在暴雨期间，更显河涌的数量和容量不足，连通性差。个别河涌受岸上建筑物的影响，河面宽度被人为缩减，导致河涌水道不畅通，或与其他河涌缺少连通。水闸、泵站建设标准低。图 6–15 是横沥岛排涝基础设施现状掠影。

图 6–15 横沥岛排涝基础设施现状掠影

6.1.11 其他空间要素

横沥岛是未来明珠湾发展的核心区域，它的防洪（潮）排涝规划必须要正视未来极端气候带来的海平面上升和特大暴雨的冲击，谋划好未来防洪（潮）排涝的工作，立足于长期服务，支撑将横沥岛建设成为世界一流的高端商业、经济和文化中心这一目标。立足现状，谋划未来，是做好横沥岛韧性城市防洪（潮）排涝规划的核心。通过分析横沥岛滨水区的景观异质特性、潜在自然地表径流、潜在洼蓄地、调蓄河涌、调蓄湖、湿地滩涂地等情况，综合评估防洪（潮）排涝需求、土地沉降、河道冲淤、坡度条件、景观条件、预留用地，若干要素的空间分布如图 6–16 所示。合理利用这些潜在的特征是未来规划的基础。例如，现状高程较高的区块为未来重要组团提供了良好的地块条件；潜在的洼蓄地、潜在可开拓河涌、可调蓄湖、潜在径流等为未来雨水贮存、合理划分集水单元和雨水疏导提供了可能；利用外河道两岸滩涂地、内河涌水系网络、自然地表径流、调蓄湖水体等，为防洪、滞涝、调峰创造了良好的空间要素条件。利用横沥岛周边的蕉门水道、上横沥、下横沥水道、洪奇门水道等，创造良好的水景观资源，特别是横沥岛东、西岛头具有得天独厚的景观优势。景观资源的丰富性使横沥岛防洪（潮）排涝任务应与休闲观光功能相结合。堤防设计要根据不同岸线段的景观资源和地质条件，结合外河道的冲淤、变水位特征，相应设计合适的堤型，将堤防的工程性与岸线的多功能服务紧密结合[119]。

图 6–16　若干要素的空间分布

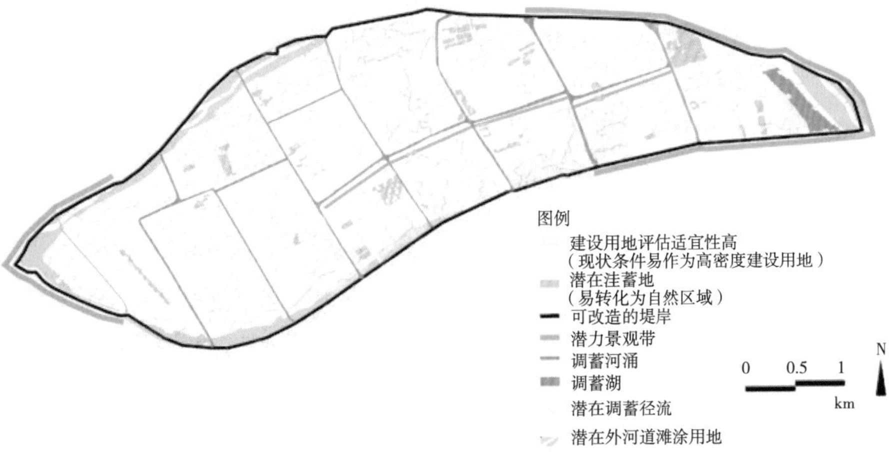

6.2 未来发展定位

横沥岛是广州市南沙区最核心的区块，是明珠湾发展的起步区，隶属于2012年国务院批准的第六个国家级新区。根据上位规划[120–121]，未来南沙区（横沥岛）的发展定位为充分利用湾区滨海资源，依托独特的海、水、城等要素，充分体现明珠湾生态需求与岭南特色文化，成为“立足珠三角、服务内地、连接港澳、对接东南亚的示范性节点”“广东与香港、澳门深化合作的示范区”“新型城市化的试验区”，不仅在亚洲太平洋地区，乃至在全世界范围内都具有影响力的集社会经济、科技、文化、生态、休闲于一体的新区。整个南沙区规划人口将从2018年的72.5万增至2030年的225万。

根据《广州南沙新区横沥分区控制性详细规划》与《广州南沙新区明珠湾起步区（横沥岛）控制性详细规划》的上位规划要求，横沥岛未来居住人口为9.1万人，就业人口17.4万人，为现状的3倍。未来横沥岛将建设成为集商务、会议、科创、居住于一体的高端区，如图6–17所示。

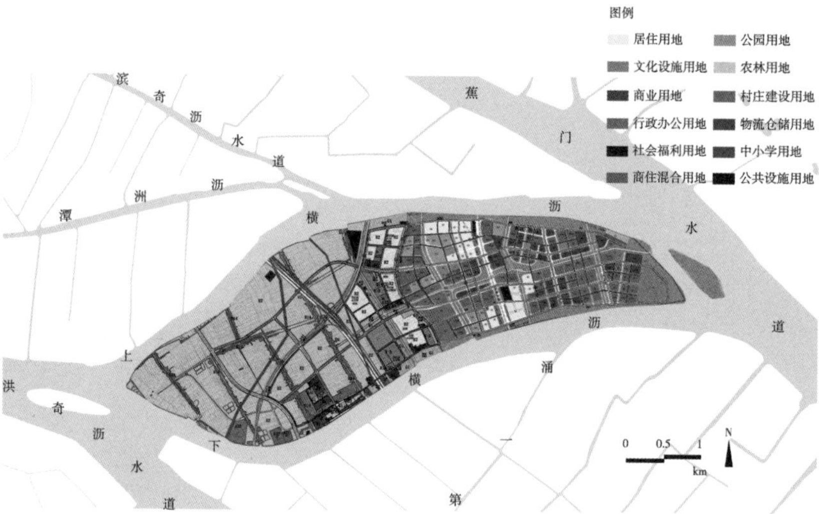

图 6–17 横沥岛土地利用规划
（来源：参考文献[120]、[121]）

6.3 雨洪风险预测

根据《广州南沙新区城市总体规划》《南沙新区起步区防洪规划报告》[122]《南沙新区起步区雨水排涝规划报告》[123]中的规划要求，以中山大学1981~2017年测量的24h降雨量、广州市水务局南沙站的1990~2015

年的实测数据、《2019 年中国海平面公报》发布的 1980~2019 年的实测数据为基础[124]，预测横沥岛 200 年一遇暴雨及未来 50 年海平面上升与土地沉降标准下的雨洪风险。预测结果如下：横沥岛 200 年一遇的 24h 降雨量约为 415.2mm，200 年一遇外河道高潮水位为 2.93m，未来 50 年珠江口海平面上升为 90~180mm，土地沉降为 150~210mm。本章均取以上数据区间的上限。

基于上述数据，综合地形地貌、土壤、水系网络与雨水管网等因素，利用泰森多边形法，将横沥岛分为 20 个集水区。利用 MIKE 二维水动力模型、ArcGIS 空间水文分析工具，对经过插值的河道水域等深线、陆域数字地形高程标准网格化后，对横沥岛周边水流速率及横沥岛内洪涝淹没区进行模拟（图 6–18、图 6–19），形成横沥岛 200 年一遇降雨量与蓄涝水容量、200 年一遇外河道水位与堤防高度缺口量分析（图 6–20、图 6–21）。

图 6–22 为三种不同情景下，外河道水位高程与现状空间高程示意图。

情景 1：现状每日潮汐涨落条件下，横沥岛各功能空间相对高程。横沥岛处于河口潮汐地带，每日经历 2 次高潮、2 次低潮，平均潮差 1.5~2m，最高 3m。根据近几十年南沙站潮位的统计数据，日均低低潮位为 –1.5~–1.1m，正常水位为 –0.3~0.3m，日均高高潮水面高度为 1.7~2.1m，均低于堤内内河涌水位和外河道堤顶高程（3.2~3.8m）。受每日潮汐涨落的影响，外河道大堤外侧每日被淹频率高。若在日均低低潮或正常水位期间

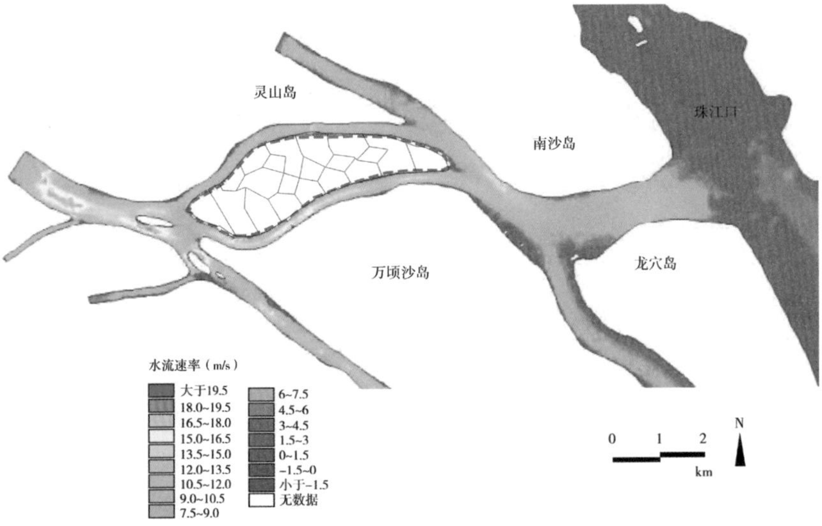

图 6–18　横沥岛周边水速模拟

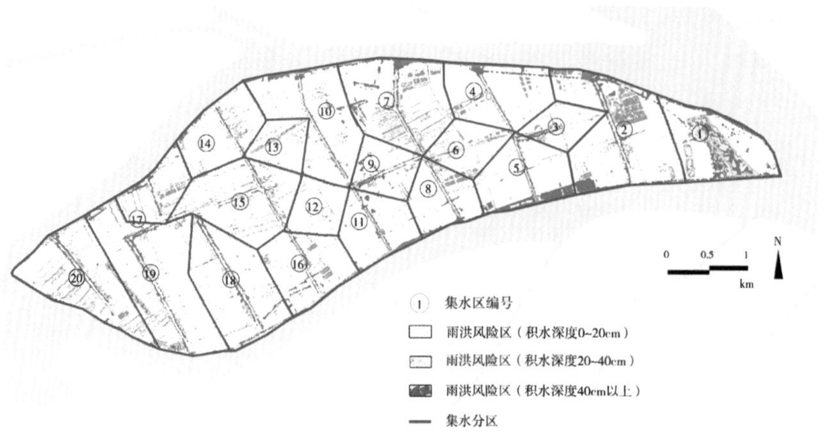

图 6-19 横沥岛洪涝受淹区模拟

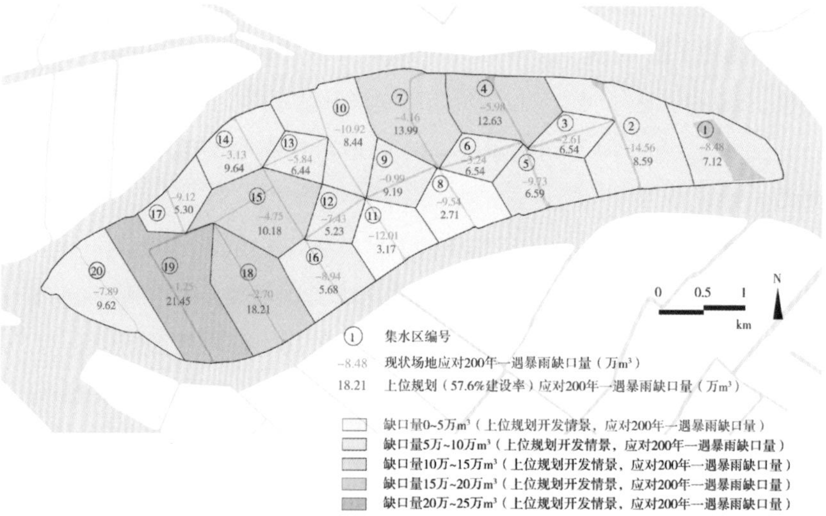

图 6-20 横沥岛各集水单元蓄水容量缺口

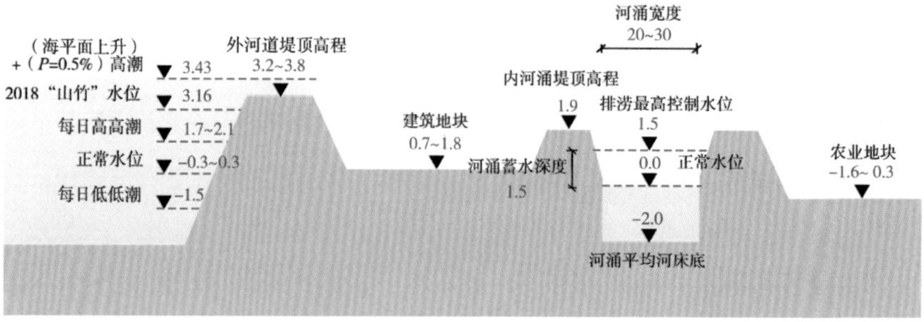

图 6-21 横沥岛 200 年一遇外河道水位高度与堤防高程（单位：m）

打开水闸，内河涌的水可自排流入外河道。

情景 2：在不考虑海平面上升和现状堤防条件不改变的情况下，分析横沥岛遭遇 200 年一遇的洪峰高潮下不同功能空间的相对高程。此时外河道水位接近现状部分堤段堤顶高程（3.2m）。考虑到风浪爬高、风壅水面等因素，靠近堤岸 100~200m 的缓冲距离内会受到浪潮侵入，部分淹

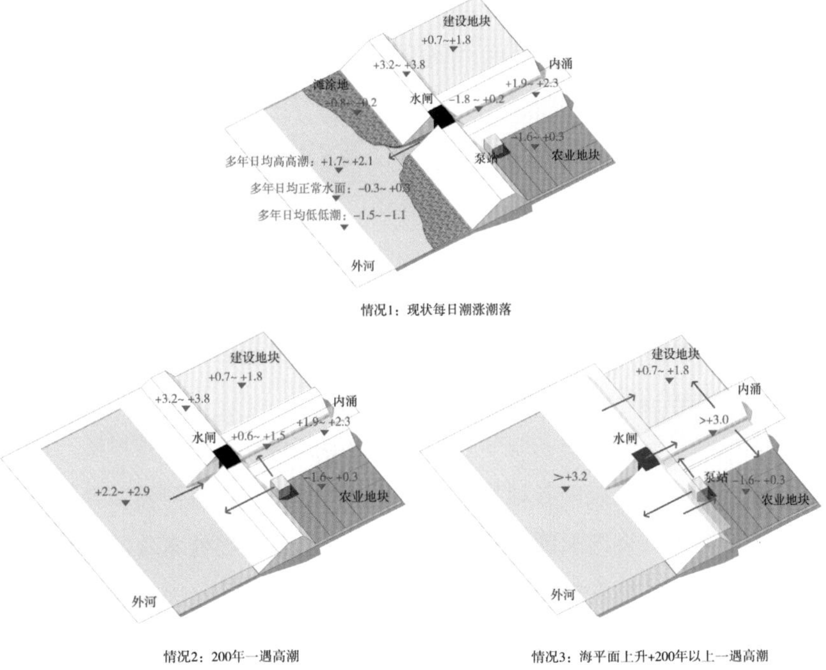

图 6–22　横沥岛外河道水位高程与现状空间高程（单位：m）

没。外河道水位高于内河涌水位，各河道口水闸紧闭。堤内排涝任务只能通过泵站将内河涌的水抽至外河道，以降低内河涌的水位。

情景 3：在考虑海平面上升和现状堤防条件不改变的情况下，分析横沥岛遭 200 年一遇的洪峰高潮下不同功能空间的相对高程。此时外河道水位高于现状堤顶高程的最低点（3.2m），河水会直接越过大堤。堤内受淹面积大，内河涌水位超高程度严重。

6.4　存在的主要问题

目前横沥岛现状与未来发展定位对雨洪韧性的需求存在巨大反差，主要存在的问题如下。

①外河道堤顶高度和标准与未来极端条件下的外河道水位高度存在较大缺口。目前，部分外河道堤防标准只有 50 年一遇标准，且未形成完整的防洪封闭圈。即使不考虑未来海平面上升、地基沉降、与极端暴雨叠合，现状部分堤顶高程已经与2018年台风“山竹”时的水位基本持平。如遇 200 年一遇的洪峰高潮，靠近堤岸 100~200m 的缓冲距离内会受到浪潮侵入。如再叠加海平面上升，则外河道水位将高于现状堤顶高程的最

低点，河水会直接越过大堤，造成大面积土地被淹没。叠加海平面上升、P=0.5% 高潮水位、地基沉降、风浪爬高等因素，现状大堤高程远不能满足雨洪韧性的要求。

②蓄水容量、疏导量与极端气候下暴雨降水量之间存在较大缺口，且汇水单元面积过大，离河涌距离过远，不利及时排放。未来明珠湾将打造成在全世界范围内都具有影响力的集社会经济、科技、文化、生态、休闲于一体的理想新区，横沥岛又是整个明珠湾最核心的区块，可以预见，随着横沥岛城镇化的建设，地面硬化程度增加，导致地表径流系数增大，这个缺口将进一步加大。

③水闸系统、泵站系统是连接外河道与内涌的重要工程设施，特别是在暴雨期间，将堤内各地块汇集的雨水就近排放到内河涌，并通过水闸、泵站系统，将内河涌的水排到外江，以降低内河涌水位。目前，水闸、泵站系统的标准是按照农田的排涝标准设计的，不能满足未来防洪排涝的要求。

④防洪（潮）排涝基础设施未充分考虑景观资源的有效利用。外河道堤防形式单一，石壁围岛，不能体现三角洲河口景观。内河涌两侧狭窄，临涌而居的民居大量挤占水域空间，造成空间拥挤的现象。

6.5 雨洪韧性规划理论与方法在横沥岛的应用导引

雨洪韧性理念强调系统受到外部扰动后能维持其关键结构和核心功能的能力。对雨洪韧性目标的追求已从最初的单一稳态转变为持续的适应，从单纯恢复状态到适应系统变化。基于雨洪韧性理念的三角洲河口防洪排涝设施规划，要强调系统性、协同性、底线性与前瞻性，突出对洪涝机理的分析，强调面向未来发展，立足于对地形地貌、水文环境与气候变化趋势的综合把握，让未来空间的发展建立在保底、可承载、人与生态和谐发展的基础上。通过面向雨洪韧性的防洪排涝规划，优化防洪排涝设施的布局，减轻洪涝灾害对场地带来的影响。在防洪排涝设施规划时，充分利用地域性、网络连通性、多样性、多功能、冗余性、模块化等雨洪韧性规划的空间特征。基于场地特点，尊重自然基底，充分利用三角洲河口的水和生态环境资源；连接空间点、线、面要素，积极引导水文过程的流动；空间要素与功能组合时突出多样化和实现目标的多种方式；通过预留缓冲空间，为应对未来可能发生的灾害提供可能，使防洪排涝设施具有可扩展性；将防洪排涝设施模块化，以分散洪涝风险对某一部分的集中冲击，提升防洪排涝设施应对不确定洪涝灾害的鲁棒性与适应性。

6.6　横沥岛雨洪韧性防洪（潮）排涝规划总体架构

横沥岛雨洪韧性防洪（潮）排涝规划依托南沙新区独特的生态要素和岭南文化，立足蓝色生态基底，传承岭南文化特色，充分利用珠江三角洲的滨海资源，针对海平面上升和雨洪灾害风险，应用雨洪韧性城市规划的地域性、多样性、模块化、冗余性、网络连通性、多功能等技术。总体规划架构采用“三层协同的防洪（潮）排涝”模型。

第一层采取抵御性措施。主要涉及堤坝、水坝、沙丘、风暴潮屏障的提升，并为河流留出足够的空间，以外圈预防为主。这一层以外河道大堤为主要空间载体，充分考虑高潮水位、海平面上升、风浪爬高、风壅水面和地基下沉等情况，综合考虑安全性、经济性和景观性。在确保安全性的前提下，兼顾堤防投资的经济性、时效性和与景观性，增加堤顶高度。适度增加堤防与岸线的缓冲距离，防止出现堤顶高程过高而严重影响沿海景观的情况。在保证外河堤防安全、确保越堤的水量能通过足够容量的缓冲地带予以吸收、保证排泄畅通的前提下，允许外河道堤防基础设施被部分越浪。结合各岸线段特征，规划多样化和多功能的堤防形态。

这一层的目标是通过提高防洪（潮）水标准、适度提高外河道堤防的冗余度，筑牢防潮堤封闭圈，阻挡洪（潮）水侵入堤内，减少堤内水涝的风险，防止洪（潮）水侵入堤内，降低外河道极端高潮水位对堤内场地的影响。从场地安全性的角度考虑，外河道堤防和重要地块保护区安全等级至少达到 200 年以上一遇（P=0.5%）。综合考虑防洪（潮）性和投资的经济性、景观性，因地制宜、因岸制宜地将堤防工程与岸线景观功能相统一，集防洪性、地域性、景观性、多功能于一体，采取多样化堤线形态，达到设防不围城的空间效果，使堤防建设与城市建设融为一体。

第二层采用引导受洪水风险影响地区的空间组织措施，以地表排涝为主。在全面认知三角洲河口地形地貌、土地利用、水文“源—汇—流”

过程的基础上，顺应场地水循环机理，优化集水分区和由内河涌、调蓄湖、潜在洼蓄、人工调蓄水、湿地组成的蓄水网络，增加网络密度和网络连通性，增加可蓄水容量，使场地蓄水能力大于预测降雨量。

这一层以极端气候变化下的降雨量与现有河涌水体存贮量缺口为导向，优化明珠湾横沥岛内河涌空间布局。通过增加已有内河涌的宽度、深度和长度，增加内河涌的蓄水量；通过开拓新的内河涌，合理增加湖泊等蓄水体，设置缓冲区、滞洪带，提高河涌连通性和河涌密度，使总的蓄水能力大于降雨量，并留有一定的冗余度；实现分区汇水、分模块排涝，缩短泄洪距离，畅通暴雨水流通道；优化水闸和泵站布置，增加内河涌水位与外河之间的调节能力；加强对大型公共开发项目、广场公共用地、内河涌用地、公园及公共绿地、道路用地的水储存、渗透与疏导；将在极端天气下内河涌对雨水的排涝主体功能与服务城市多功能相结合，集排涝、航运、水上观光等功能于一体；根据内河涌条件和内河涌所在区块的功能定位，对不同类型的河涌进行分类规划，赋予不同的功能定位。

第三层应对洪水突发事件的危机管理，将抵御性措施、空间组织和灾难管理相结合，加强水位调节与管理机制。综合防洪排涝与通航需求，对内河涌水位进行控制。

这一层重点是预判不同气候变化对场地造成的潜在风险，实施多重预防措施。针对不同强度的雨洪情景，利用内河涌水位与外江水位之间的高程差对水位进行调控，确定在正常调度、排涝调度两个情景下的水位控制方法与相应标高，建立由防洪排涝水文遥测系统、计算机网络系统、网络通信系统、决策支持系统等组成的应急指挥决策系统，制定超标准洪水防洪紧急疏散预案。

图 6–23 为基于韧性理论的横沥岛多层防洪（潮）排涝系统总体架构图。

6.7 技术路线

雨洪韧性理念下的三角洲河口防洪排涝设施规划强调以下内容：①科学预测洪涝风险对三角洲河口可能造成的影响。通过历史数据与空间建模，推演未来洪涝风险的影响方式、范围与强度。②强调防洪排涝设施应对未来洪涝风险的适应能力。以洪涝风险预测结果为基础，充分应用地域性、网络性、多功能、多样性、冗余性、模块化等雨洪韧性空

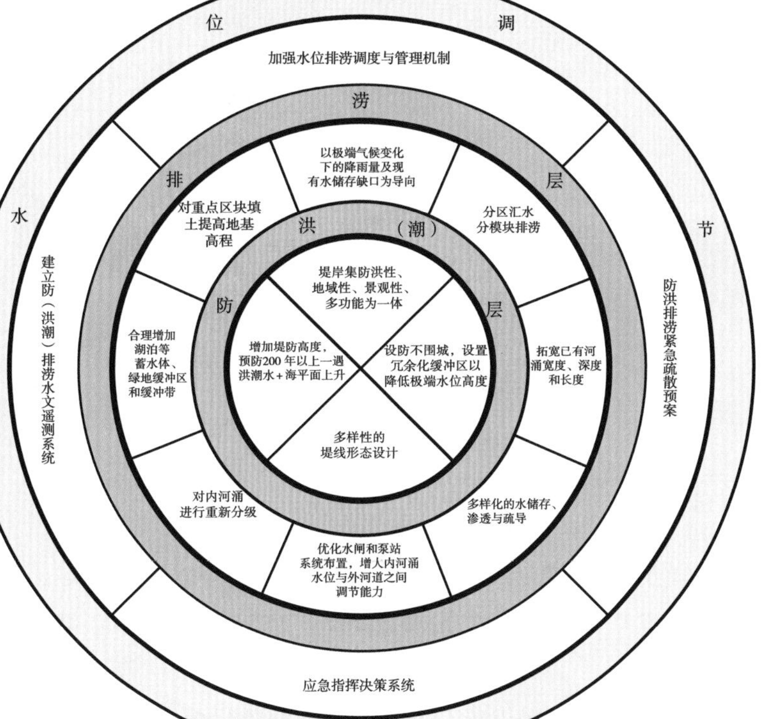

图 6–23　防洪（潮）排涝系统总体架构

间特性。③有序组织防洪排涝设施功能，加强多学科统筹协调。

本节提出了图 6–24 所示的技术路线，包含以下 8 个主要步骤。

步骤 1：未来发展需求。分析场地发展目标、功能定位、人口规模、土地利用规划、防洪排涝的紧迫性。

步骤 2：场地现状解译。基于对现状的调研，分析场地高程、土地沉降、内外水系、堤防等基本信息；分析水位、堤防高程、地表高程之间的关系。

步骤 3：洪涝风险预测。基于对洪涝致灾机制的理解，利用相关水文模拟软件，预测场地周边水流速率及场地洪涝受淹区；分析现状排涝系统是否能够适应未来城市的发展，是否具备应对极端气候雨洪扰动的韧性能力；分析现状堤防标准是否具备应对气候变化、土地沉降、海平面上升的能力。

步骤 4：排涝规划。根据未来发展功能定位，划分集水单元；优化以河涌、湿地、调蓄湖、滩涂地等组成的地表排涝网络，并对水系进行分类规划。

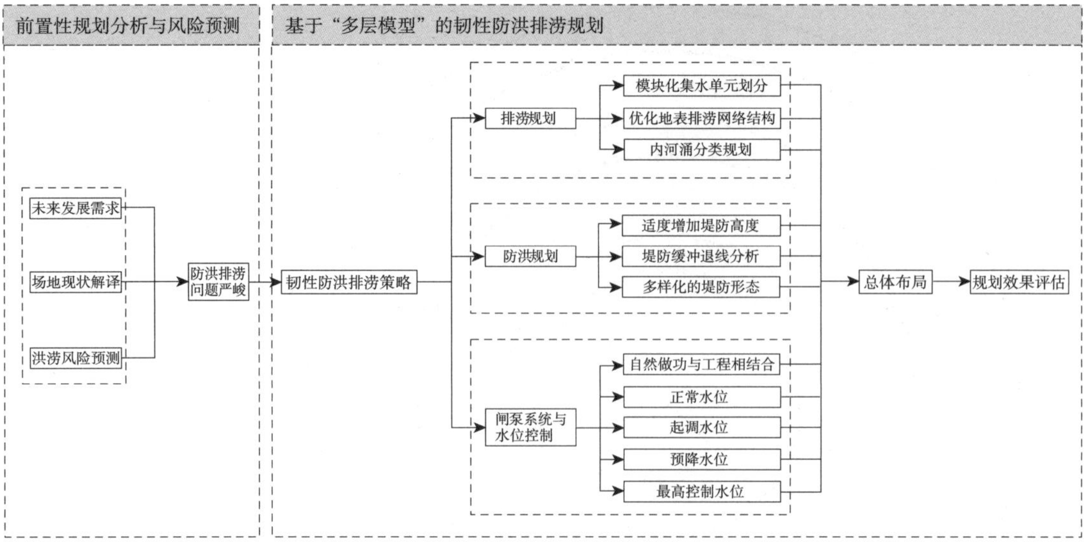

图 6–24 技术路线

步骤 5：防洪规划。提高堤防等级；根据未来发展功能定位和地形地貌，分析大堤到河道之间的缓冲距离；结合各岸段特征，规划多样化的堤防形式。

步骤 6：闸泵系统与水位控制。基于自然做功与工程技术相结合原则，分析“调蓄 + 自排 + 抽排”的闸泵系统；结合防洪排涝与通航标准，研究正常水位、起调水位、预降水位、最高控制水位等控制指标，研究多情景下的水位调节与管理措施的方法。

步骤 7：总体布局。提出基于雨洪韧性理念的防洪排涝规划总体方案。

步骤 8：规划效果评估。从防洪能力、水系集成度等方面对规划效果展开评估。

6.8 防洪规划

横沥岛防洪设计要充分突出南沙横沥岛的地域特点和未来城市发展定位，立足预防，减少洪（潮）水翻越大堤的概率，确保安全底线。同时，充分发挥滨海资源，实现以水兴城，设防而不围城，将工程化堤防与未来城市的多功能有机结合。

雨洪韧性防洪规划主要由适度增加堤防高度、大堤选址及多样化、多功能的堤防形态三个方面组成。

6.8.1　堤防高度

大堤是极端气候变化下防止洪（潮）水入侵的第一道屏障，既是防洪（潮）最重要的基础设施，也是保障场地安全的根本。因此，韧性防洪（潮）最重要的目标是大堤必须达到标准。大堤的标准要综合考虑安全性、经济性和景观性，在确保水安全性的前提下，兼顾堤防投资的经济性、时效性和与景观性。

堤顶高程的设计应该考虑极端条件下外河水面高度、未来海平面上升高度、极端高潮高度、风浪爬高值、风壅水面值、土地沉降。为了防止出现堤顶高程过高而严重影响沿海景观，在保证外河堤防安全和确保越堤的水量被足够容量的缓冲带予以吸收的前提下，应尽可能地降低堤顶高程。根据岸线地形条件、地质条件、土地供应，综合大堤的工程造价、滨水社会经济价值、滨水亲水性、景观视线等多维要素，对不同地段原有堤岸分别进行加固、加高、拆除、重建，建立能满足“200 年海平面上升 +（*P*=0.5% 高高潮）”防洪（潮）标准的外河道堤防闭合圈。

考虑 200 年一遇高潮水位、海平面上升、土地沉降、风浪爬高值、风壅水面值，根据计算横沥岛适应 200 年一遇的洪涝风险的堤顶设计高程为 4.73m，如图 6–25 所示。

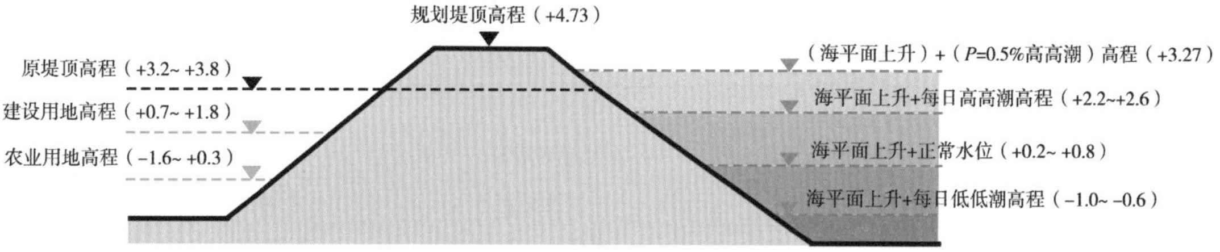

图 6–25　横沥岛 200 年一遇外河道高潮叠加未来 50 年海平面上升的堤顶高程规划

大堤除了防洪（潮）主体功能外，还要通过选择合适形态，将外河道堤防工程与滨海公园、滨海旅游休闲、城市景观建设等基础设施建设结合起来，使海堤成为不仅具有抵御外潮的强大鲁棒性，而且成为富有风情魅力的滨海景观带、文化带和黄金海岸。

6.8.2　大堤选址

防洪大堤选址在紧靠环岛岸线，还是距离岸线一段距离，需要根据岸线的地形特点和未来发展定位来确定。前者由于堤顶高程比岛内场地高程高，有可能妨碍景观，而且在特大洪水时，上游支流洪水汇合后通过横沥水道，使上、下横沥水道的水位较大幅度地增加。后者在大堤与现有河岸之间留有一定宽度的缓冲带，由于这条缓冲带的存在，相当于增加了外河道的宽度，有利于缓解洪水对大堤的冲击。但这种缓冲距离的增加，使得可开发土地面积减少，是以牺牲一定面积的滨河土地作为代价的。因此，需要平衡缓冲距离和洪涝风险的关系，根据环岛岸线的地形特点和未来发展定位进行防洪堤选址。

6.8.3 多样化、多功能的堤防形态

大堤形态的规划基础是岸线条件。要综合考虑防洪需求、沉降情况、河道冲淤、坡度条件、景观需求、预留用地等方面的内容，表 6–2、图 6–26 分别给出了岸线评价指标和评估结果。

大堤形态要适合未来发展趋势，具有前瞻性，能满足未来发展的需要，方便堤防加固以及综合开发利用价值最大化，将防洪大堤建设成为集工程和观光于一体的大堤，充分展示南沙区作为未来国际化大都市的形象。

岸线条件评价指标 **表 6–2**

评价内容	评价指标	评价等级	量化测度
防洪需求	洪涝脆弱性：200 年一遇洪涝风险下 100m 内缓冲区受淹面积比例	防洪需求高	洪涝脆弱性＞ 70%
		防洪需求中	50% ＜洪涝脆弱性≤ 70%
		防洪需求低	洪涝脆弱性≤ 50%
坡度条件	坡度：河岸两侧平均坡度数值	坡度起伏大	坡度＞ 10°
		坡度起伏中	5° ＜坡度≤ 10°
		坡度稳定	坡度≤ 5°
沉降情况	年沉降率：平均每年土地沉降的数值	堤岸沉降严重	年沉降率＞ 4mm/a
		堤岸沉降	2mm/a ＜年沉降率≤ 4mm/a
		堤岸稳定	年沉降率≤ 2mm/a
河道冲淤	冲淤度：10 年内河面宽度增加或缩小的距离占原河面宽度的比值	河道冲刷	冲淤度＞ 5%
		河道稳定	–5% ≤冲淤度≤ 5%
		河道淤积	冲淤度＜ –5%
景观条件	景观视觉通透性：岸线可看到水面长度占总长度的比值	景观条件不佳	景观视觉通透性≤ 50%
		景观条件一般	50% ＜景观视觉通透性≤ 75%
		景观条件优越	景观视觉通透性＞ 75%
预留用地	缓冲距离：建筑到河岸的平均距离	预留用地紧张	缓冲距离≤ 10m
		预留用地中等	10m ＜缓冲距离≤ 30m
		预留用地充裕	缓冲距离＞ 30m

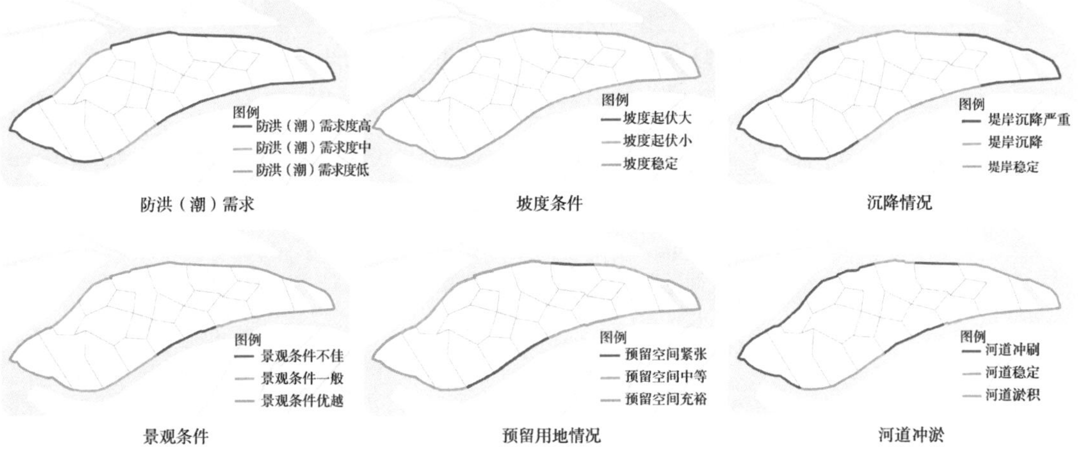

图 6–26　横沥岛岸线评估结果

防洪大堤面向城市一侧的缓冲带，可以结合防洪设施建设，布置环岛公路、防洪排泄河渠。在道路和河渠两侧，因岸制宜，布置绿地、公园等绿化休闲设施，打造优美的滨水休闲带，改善环境，突出地方特点。

根据环岛岸线不同位置地形地貌条件和景观需求，横沥岛防洪（潮）概念规划方案采用了多种堤型（图 6–27、图 6–28）。例如，利用东、西岛尖（即 QYAB 段、KJI 段）海景开阔，景色优美，在堤型设计上采用后退原堤址的岛头多级斜坡形式，不仅有利于防御风浪的冲击，并且利用旧堤作为第一级斜坡，使得整个大堤视线开阔，具有良好的亲水性，空

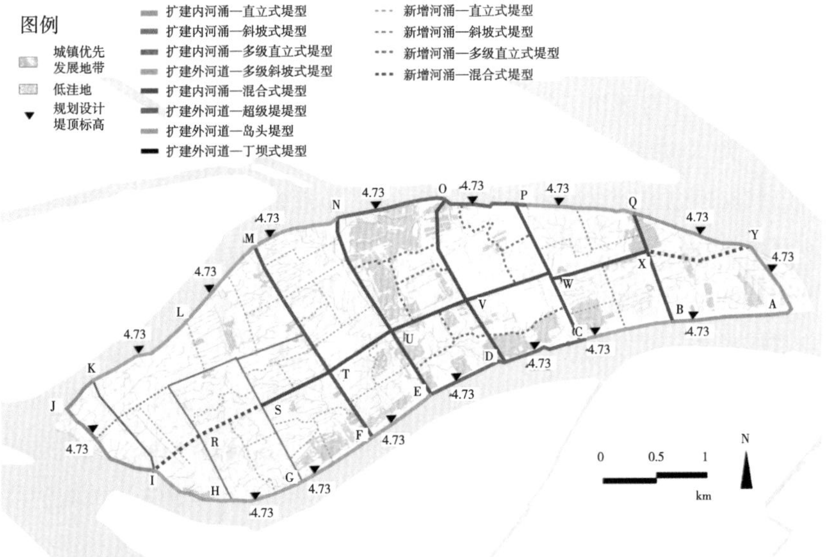

图 6–27　横沥岛防洪（潮）概念规划方案

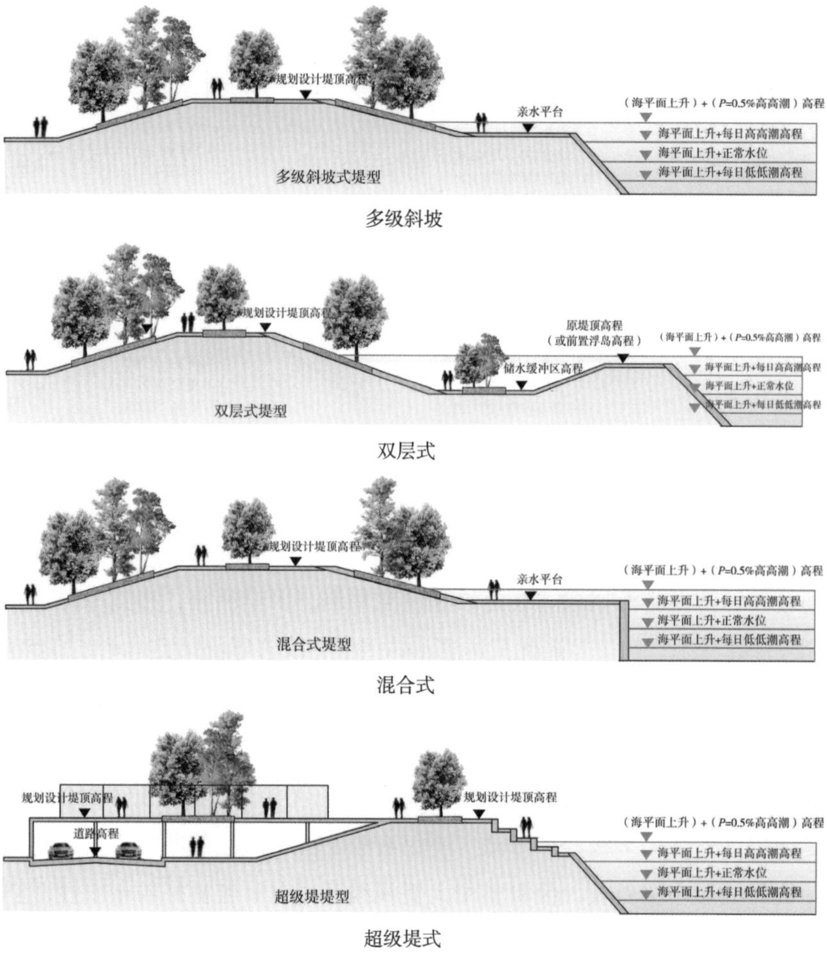

图 6-28 堤型截面

间层次感好，景观效果好，有利于营造滨江休闲景观带。横沥岛 EDC 堤段处于全岛中心区块，是全岛的核心功能区和交通要道（附近有南沙地铁站口），NOP 段是上游几条河流交叉口，故在堤型设计上采用超级堤，可以对风浪潮起到良好的缓冲作用。由于迎水面采用阶梯式的结构，堤坡自然，空间层次感较好，视线开阔，美观性特别好，实现了堤防的工程性与景观性的高度统一。而对于 IHGFE、KLMN 段，对景观的要求相对不是很高，且外侧需要保留外河道滩涂，因此采用多级斜坡形，既兼顾了外堤岸的景观性，又考虑到投资的经济性。

对于内河涌，考虑到 IRSTUVWXY 岸线是全岛的东西向中轴线，河涌宽度大，水位相对不变，水面平稳，对岸线冲击不大，未来该段河涌要发展成水上交通旅游资源，景观需求性较高，故该段堤型采用混合式堤型。斜坡 + 直立的堤型具有空间层次感好、景观效果好，且占地面积较小的特点。NUE、OVD 段岸线处于全岛的最繁华的区块，且周边地块建筑适应性评价较高，出于与 IRSTUVWXY 段同样的理由，故该段堤型也采用混合式堤。对于其他一般的内河涌，则采用直立式或多级直立式。

表 6–3 给出了各种堤型的特点及适用堤岸条件。

6.8.4　防洪缓冲带

明珠湾横沥岛在规划满足 200 年以上海平面上升和极端气候变化下防洪（潮）标准的闭合海堤圈的基础上，为了防止在极端恶劣气候下意外发生少量洪（潮）水越堤情况，防止堤内建设区块被淹，防洪堤内侧要规划有缓冲带。从外河道堤防内侧至建设红线 250~300m 以内有一定冗余度的缓冲区，作为紧急情况下对入侵潮水的滞洪带、泄洪区。

缓冲区要结合城市发展需要，布置环岛公路、防洪排泄河渠，集城市防洪、休闲、娱乐、运动场所于一体，将缓冲区建设成为道路、绿地、

各种堤型的特点及适用堤岸条件　　表 6–3

类型	特点	适用堤岸段条件
多级斜坡式	· 堤坡自然，视线开阔，美观性好； · 较低的斜坡坡顶可以设置亲水平台； · 有利于在斜坡上营造滨江休闲景观带亲近自然，空间层次感好，景观效果好； · 双层坡具有多级防洪缓冲带作用，有利于抵御风浪冲击	· 适用于景观要求很高、土地供给充足、因洪水对岸线冲击较大而需要有多级缓冲、堤内防洪要求高的堤段
岛头式	· 可以保护岛头不受浪潮直接冲击产生的破坏； · 可以促进保护岛头生长，形成新的滩涂	· 适用于岛头开阔水面，或外河道河床已有大量水生生物栖息地、滨河区湿地涵养价值较高、河道水面比较平静的特殊堤段； · 河道、河涌拥堵的情况下不建议使用
多级混合式	· 斜坡 + 直立有变化感，空间层次感好，景观效果好； · 具有防洪缓冲作用，有利于抵御风浪冲击； · 占地面积总体较多级斜坡式小	· 适用于景观要求高、土地供给有限、允许洪水对岸线有一定冲击、堤内防洪要求高的堤段
超级堤式	· 采用超宽的堤宽结构，可以对风浪潮起到良好的缓冲作用，即使发生漫堤现象，由于堤顶流速较小，不至于造成冲刷破坏； · 迎水面通常采用阶梯式的结构，利于逐步加高，对海平面缓慢上升的情况具有逐步适应性； · 由于堤宽很宽，可以结合周边道路一同建设，实现堤防多功能； · 堤坡自然，空间层次感较好，视线开阔，美观性特别好	· 适用于景观要求很高、土地供给充足、洪水对岸线冲击较大、堤内防洪要求高的堤段； · 特别适用于现状堤岸已为阶梯状的，且未来可以逐步提升堤顶高程的堤段

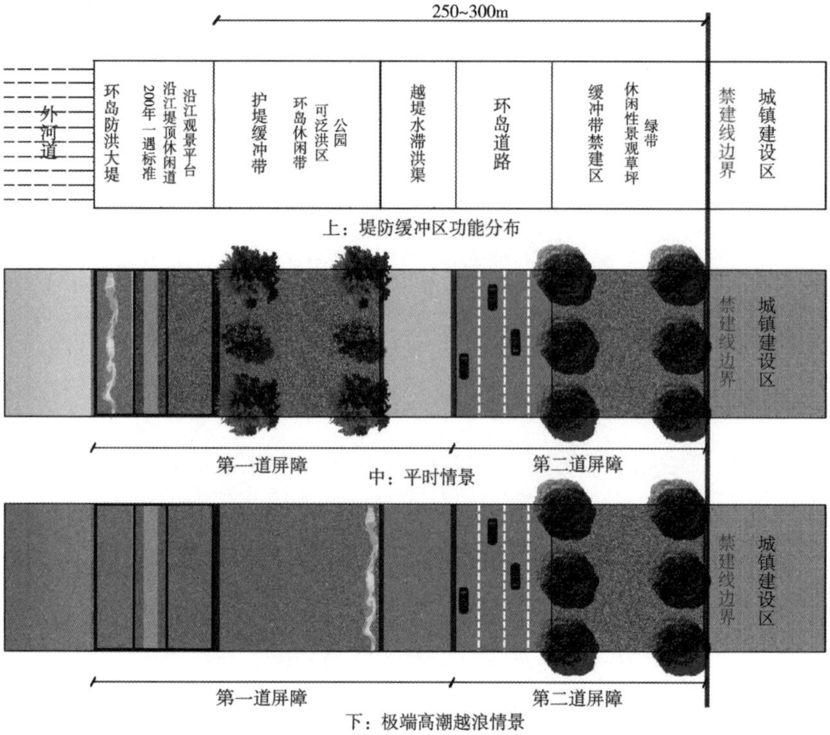

图 6-29 横沥岛外河堤防缓冲区功能示意图

河道、林带环绕的具有岭南水文化元素的美丽景观。在平时作为休闲景观用地，在灾时作为防洪的重要组成部分。

图 6-29 为外河堤防缓冲区功能示意图。

6.9 排涝规划

排涝规划由集水单元划分、地表排涝网络优化、内河涌分类三个方面组成。

6.9.1 集水单元划分

未来横沥岛集水单元区分应打破现有结构的约束，实现由集中向分散、由碎片向网络化转变，消除场地总蓄水容量与极端暴雨量之间的缺口，缩短潜在泛洪点到附近河涌距离，综合地形地貌、土壤、水系网络与雨水管网等因素，对横沥岛集水单元进行划分。笔者应用泰森多边形法，经过高程提取、填洼、流向分析、流量分析、盆域计算等步骤，形成候选集水分区。基于 200 年一遇的降水量与蓄水量之间的缺口，分析

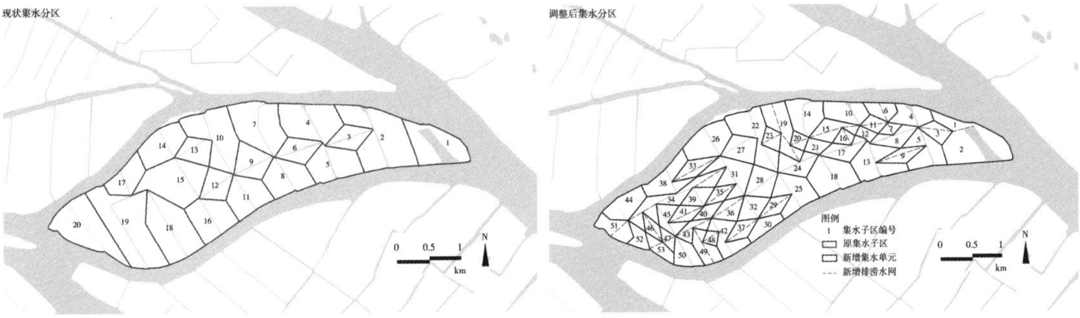

图 6–30　横沥岛集水单元划分

候选集水分区工程实施的合理性，对枝状、锐角、非均质的分区边界进行适当修正。通过反复人机交互模拟比较后，最终将横沥岛细分为 53 个新集水分区（图 6–30）。

6.9.2　地表排涝网络优化

为了使集水单元的雨水能够通过市政雨水管道、地表径流及时排放到附近的河涌，雨水汇集区到最近内河涌的距离应小于国家标准，防止途中雨水累积或因地段瓶颈现象导致局部水涝。根据地形地貌特点，规划适当增加了内河涌、人工蓄水湖、湿地公园，在外河道、内河涌两侧规划了缓冲区，通过多种形式增加总蓄水体容积。在现有水系、湖泊、洼地、沟塘等天然的“蓄水容器”的基础上，新增内河涌 15 条，提高了连通性。针对未来横沥岛高水平发展的定位和区块用地规划，在蓄水量缺口较大的区块增加了 1 个面积为 17.6hm^2 的人工调蓄湖，在蓄水量缺口较大且地势较低的区块规划了 4 个湿地公园，面积为 21.3hm^2（图 6–31）。

从图 6–31 可以看到，整个水系形成了高度连通的网络体系。通过开辟新河涌，使水系通达性更优。对原主河涌 21–16–13–10–8–4–2 进行了提升，增加了河涌宽度和深度，在两端新增了 N–34–31–26–21、2–1–B 河涌，使横沥岛从东至西全岛贯通，不仅为西 2、西 3、西 2 集水区内近 10 个集中单元提供了就近的蓄水容量，而且形成了从东岛尖到西岛尖沿 N–35–34–31–26–21–16–13–10–8–4–2–B 的内河道水上黄金旅游线。东西向河涌水轴作为主干航道，西起横沥镇，东至岛尖游艇码头港湾，通过港湾设置船闸与江连通，形成了水轴对景，承载商务、旅游、休闲、展示城市形象等多种功能。

结合外河道潮汐变化，利用潜在外河道滩涂（SRQPONMLKJIH、BA），规划了外河河滩公园，以缓冲极端气候下来自上、下横沥的水冲击。

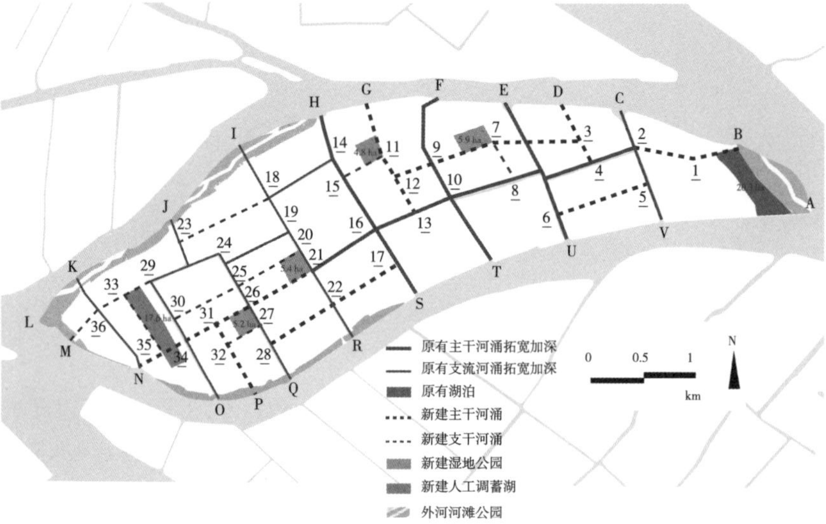

图 6-31 横沥岛地表排涝网络优化

上述这些人工调蓄湖、湿地公园、外河道滩涂等空间，作为承洪区和缓冲带，增强了对雨洪的韧性，提升了规划的适应性。不仅能在雨洪时补充储水容量，减少内涝发生的概率，还可在平时作为景观绿地向市民开放，为城市提供休闲、观光、局部净化空气等的空间，大大提高了区块品质。

6.9.3 内河涌分类

在由内河涌、人工调蓄湖、湿地公园等组成的内水系网络中，内河涌无论在数量上还是蓄水容量上都占有绝对主导地位。因此，内河涌除了要承担排涝、蓄水的主要功能外，还应承担更多的城市服务功能，对营造横沥岛的空间品质发挥重要的作用。本规划根据区块的不同功能定位和周边环境，将内河涌分为 A、B、C 三类，并进行分类规划。

A 类河涌是防洪（潮）排涝的主河道，具有较强的调蓄能力，同时也是展示未来城市形象的窗口和生态水文网络的骨架，规划时应更多地体现河涌的综合功能，体现人与自然的和谐共处。本次规划中将 N–35–34–31–26–21–16–13–10–8–4–2–B、H–14–15–16–17–S、F–9–10–T、C–2–5–V 定位为 A 类河涌。对于 A 类河涌，要结合河涌沿岸土地利用规划，集防洪、排涝、绿化、景观、休闲、旅游或通航等多功能于一体，合理设置河涌断面，选用安全性和稳定性高的护岸形式。

B 类河涌是排水的主渠道，流经主要河涌，两岸人口密集度较高，同时具有一定的景观功能。B 类河涌是联系 A、C 两类河涌的通道。规划中将 I–18–19–20–21–22–R、M–36–33–29–24、18–14 定位为对 B 类河涌，采用具有一定强度材料的生态型护岸形式，如网垫植被复合型护岸、框架覆土复合型护岸、植生型原型块石框格护岸、石笼生态挡土墙等。通过城市中心的河道采用直立式生态护岸形式。

C 类河涌为除 A、B 两类河涌之外的其他河涌，主要功能是排涝和灌溉等，大多为独立环状形态，半径不宜过大，结合公共活动设施，形成滨水活力空间。C 类河涌采用天然材料护岸的生态缓坡形式，如水生植物护岸、木材护岸、抛石护岸、堆石护岸、石笼净水复合护岸等。

此外，在内河涌两侧规划了缓冲带，平时作为沿河涌景观，为人们提供景观休闲场所，暴雨期间作为滞洪带。综合 200 年一遇排涝要求和国家 D 类河道通航的标准，利用一维水动力模型模拟结果，得到横沥岛内河涌堤顶高程、两侧缓冲带宽度、可蓄水深度、护岸、桥梁与通航等规划参数（表 6–4）。

内河涌分类及规划参数　　表 6–4

河涌类别	河涌功能定位	河涌宽度（m）	堤顶高程（m）	河涌两侧缓冲带宽度（m）	可蓄涝水深度（m）	河涌护岸	桥梁与通航
A	防洪排涝、景观、通航	40~60	2.60	＞ 40	2.30	选用植生型砌石护岸、植生型混凝土砌块护岸等，流速较缓的河段也可选用自然土坡，且应避免采用直立护岸形式	满足国家 D 类河涌通航需求，以方便公共船只通行，桥梁应平接市政道路，底部距正常水位应＞ 2m，航道宽度应＞ 25m。河涌在极端高水位状态下，桥梁可向两侧开启，以保障通航
B	防洪排涝、景观	30~40	2.60	＞ 30	2.30	选用网垫植被复合型护岸、框架覆土复合型护岸、植生型原型块石框格护岸、石笼生态挡土墙等	满足私人小型船只的通行需求，桥梁应平接市政道路，底部距正常水位应＞ 1.5m，航道宽度应＞ 15m。河涌在极端高水位状态下不予通航
C	防洪排涝	20~30	2.50	＞ 20	2.10	选用水生植物护岸、木材护岸、抛石护岸、堆石护岸、石笼净水复合护岸等	无通航需求。桥梁应平接市政道路，其底部可紧接水面以满足亲水需求

6.10 闸泵系统与水位控制

6.10.1 闸泵系统

闸泵系统以自然和工程技术的方式将自排和抽排相结合，把内河涌内水流及时排放到外江水道，防止水涝现象的发生，具有十分重要的作用（图 6–32）。

自排是一种利用自然做功的措施。当内河涌水位高于外河道水位一定高度时，通过打开连接于内河涌与外河道之间的水闸系统，利用水位高程差，将内河涌的水排放到外河道。自排能力与水闸参数和水位差有关。水闸窄，则自排能力小。如果外河道水位上升，水位差变小，则自排能力将下降。闸门宽度的设计应综合考虑到挡潮、排涝、通航、改善水环境等因素。当外河道水位高于内河涌水位时，则要关闭水闸，防止外河水倒灌。

抽排是通过泵站将水位低于外河道的内河涌水抽排到较高水位的外河中。在发生暴雨时，通过泵站将内河涌的雨水排放到外河道，以降低内河涌水位，防止内河涌因水位过高而发生内涝。泵站的抽排能力与泵站的装机容量有关。装机容量越大，则抽排能力越大，但相对投资就越大。泵的功率决定了抽排能力。

水闸一般布置在排水通畅、水流动力条件好的内河涌与外河道的交汇处，根据需要也可以设置在两内河涌交汇处。泵站则设置在外河道与主要内河涌交汇处。图 6–33 是横沥岛防洪（潮）排涝系统闸泵系统概念规划图。

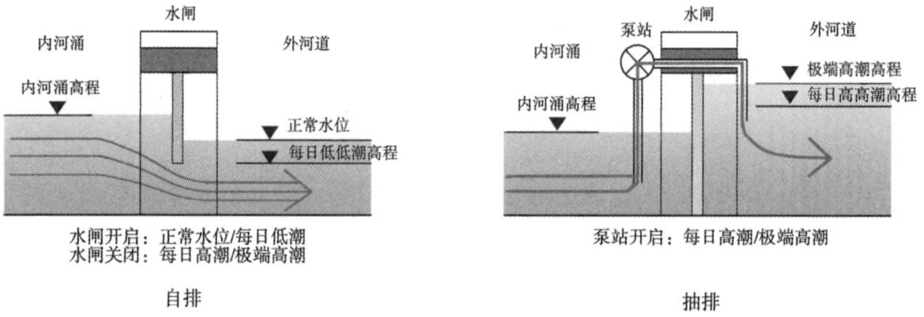

图 6–32　自排和抽排原理

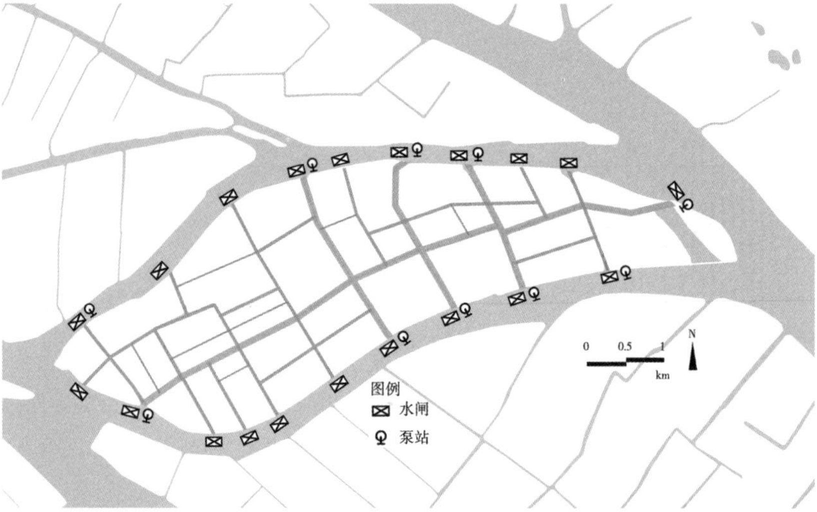

图 6–33　基于自排与抽排理念的闸泵系统概念规划

横沥岛内外水位控制要留有冗余度，保证在规定时间内将内河涌水位降低到安全水位以下。当发生暴雨和遭遇外河道 200 年以上一遇洪（潮）水时，在充分利用内河水系调蓄及水闸自排后，通过抽排提高排涝的鲁棒性和适应性。

6.10.2　不同情景下的水位管理

除上述措施外，雨洪韧性规划方案需要结合多学科知识，建立水信息管理系统和水闸、泵站的自动控制系统，包括调度自动化系统，上下游警报系统，观测设施及其自动化系统，通信设施，交通设施，维修养护设备和防汛设施，过水建筑物及其自动化计量设施，泵站水闸水位、流量、沉降等观测设施观测仪，闸站联控信息采集和自动化系统等。通过水信息管理系统，接收上游洪水信息、下游潮水信息和降雨信息并进行处理，预测外江和内河涌水位变化，对洪水进行预测成果，供相关决策部门使用。

内河涌承担排涝、通航、景观等功能。对内河涌水位上限进行控制，可有效防止极端气候下的水患现象。对内河涌水位下限进行控制，可以实现通航功能、景观功能。结合场地防洪（潮）排涝机制，根据不同情景对内河涌水位进行控制，是有效实行排涝的重要方式。

横沥岛应急水位管理系统方案需要控制的内河涌水位分正常水位范围、起调水位、极端天气预降水位、排涝最高控制水位等。

①正常水位范围指日常内河涌的水位区间。正常水位区间的确定主要是满足通航、景观的要求，主要通过水闸的开闭来维持。

②起调水位是河涌正常水位的上限，是排涝调蓄时的起始水位。在正常情况下，当内河涌水位高于起调水位时，将利用自排调度方式将内河涌水排至外河道。实际实施时在晚上退潮外江水位处于低潮位时开启闸门排放。必要时再辅以泵站抽排洪水。

③预降水位是指根据气象条件需要预先降低的河涌水位，为即将到来的暴雨事先腾出蓄水空间，以充分利用内河涌的调蓄容量。通常，预降水位小于正常水位与起调水位。但过低的预降水位会影响内河涌的通航和景观功能。

④最高控制水位指发生暴雨涝水时，经过内河涌调蓄及水闸、泵站的运行达到的内河涌的最高控制水位。最高控制水位与内河涌堤顶高度、

场地标高有关。只有内河涌水位低于最高控制水位，场地才不会发生水涝现象。

未来明珠湾横沥岛外水道日平均水位是“0.0+ 海平面上升”，日高高潮平均值为“2.0+ 海平面上升”，日低低高潮平均值为“–1.5+ 海平面上升”，正常高水位是“0.3+ 海平面上升”，正常低水位是“–0.3+ 海平面上升”。

综合考虑上述因素和景观的要求，预降水位越低，则增加的河涌调蓄能力越强。但为了保证在较短时间内通过泵站抽排预降水位以应对极端情况（预降水位越低自排、抽排难度越大），并且保证涌内停靠的游艇不会搁浅（预降水位越低越容易搁浅），在极端暴雨天气预报前确定预降水位为“–0.3+ 海平面上升”，与正常低水位相等。排涝最高控制水位为“2.0+ 海平面上升”，与日高高潮水位相等，并于新的内河涌堤高留有 0.6m 的安全容冗余值，以避免内河涌水位与外河道日均高高潮水位相互叠加，对内侧场地造成威胁。外河道和内河涌各种水位高程的关系如图 6–34 所示（图中高程未加上海平面上升值，实际控制时应加上根据水位调节当年的海平面实际上升值，海平面上升速率为 2.5mm/a）。

基于平时、灾时不同情况，内河涌水位调节分为正常调度和排涝调度两个模式进行讨论。

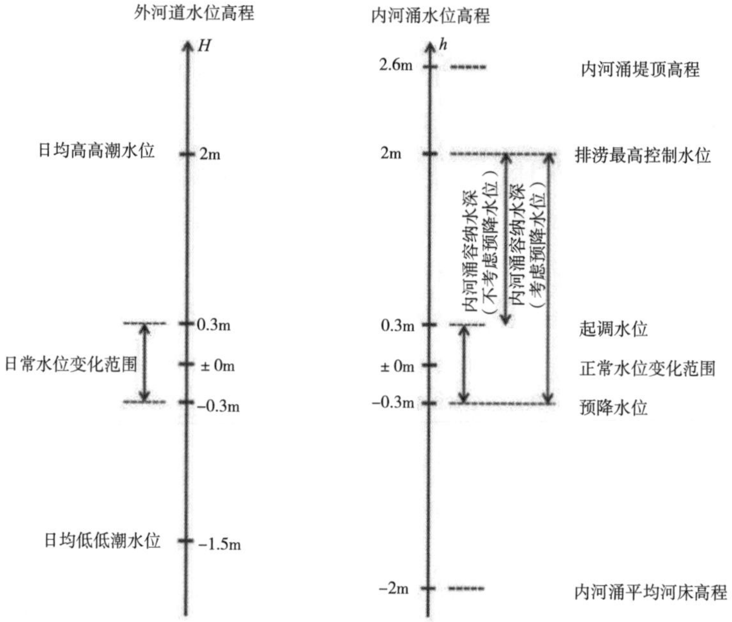

图 6–34 横沥岛外河道和内河涌各种水位高程的关系

（1）正常情况下水位调度原则

通过闸门的开闭控制内河涌在正常低水位 –0.3~0.3m，以保持景观、通航水位。

情景 1：如果 $h < -0.3\text{m}$，且 $h < H$，则开启水闸，外河道向内河涌放水，直到 $h = -0.3\text{m}$。否则，水闸关闭。

情景 2：如果 $h > 0.3\text{m}$，且 $h > H$，则开启水闸，内河涌向外河道排水，直到 $h = 0.3\text{m}$。否则，水闸关闭。

（2）极端天气下（排涝）水位调度原则

当发生内涝时，利用调蓄、自排、抽排相结合的方式。设定河涌起调水位为正常高水位 0.3m。

情景 3：$h > 0.3\text{m}$，且 $h > H$，则开启水闸，内河涌向外河道排水，维持 $h < 2.0\text{m}$。否则，水闸关闭。

情景 4：如果 $h > 0.3\text{m}$，且 $h < H$，则开启泵站，内河涌向外河道抽排水，维持 $h < 2.0\text{m}$。否则，水闸关闭。

综合考虑外河道水位变化、内河涌堤顶高度、内河涌功能、河道通航要求等，利用一维水动力模型模拟多种内河涌水位下的情景，最后确定横沥岛排涝最高控制水位 2.0m，起调水位 0.3m，预降水位 –0.3m，使内河涌蓄水深度达 2.1~2.3m。

6.11　防洪（潮）排涝规划合成方案

综上所述，形成了图 6–35 所示的明珠湾横沥岛韧性防洪（潮）排涝规划概念方案，表 6–5 为横沥岛各类内河涌参数。

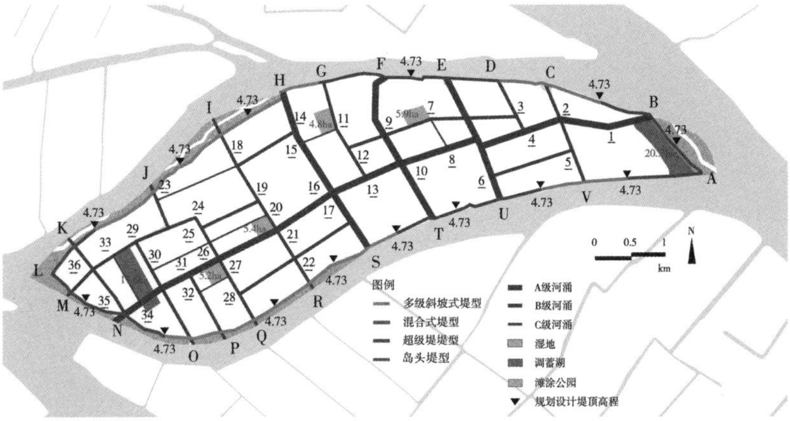

图 6–35　横沥岛韧性防洪（潮）排涝规划概念方案

横沥岛各类内河涌参数 表 6–5

河涌类型	功能定位	宽度(m)	堤岸类型	堤顶高程(m)	两侧缓冲带宽度(m)	河床高程(m)	正常水位高程(m)	预降水位高程(m)
A	防洪（潮）排涝景观通航	40~60	混合式	2.60	＞40	–2.0	–0.3~+0.3	–0.30
B	防洪（潮）排涝和一定的景观功能	30~40	多级直立式 多级斜坡式	2.60	＞30	–2.0	–0.3~+0.3	–0.30
C	排涝	20~30	直立式 斜坡式	2.50	＞20	–1.5	–0.3~+0.3	–0.30

6.12 规划效果评估

（1）受淹情况

现对规划前后横沥岛防洪（潮）排涝能力进行比较。

图 6–36 为规划前大堤高程、内河涌高程和外河道水位高程示意图。图 6–37 模拟了在 200 年海平面上升 +200 年一遇潮水情景下规划前受淹空间分布。图 6–38 为规划后大堤高程、内河涌高程和外河道水位高程关系示意图。

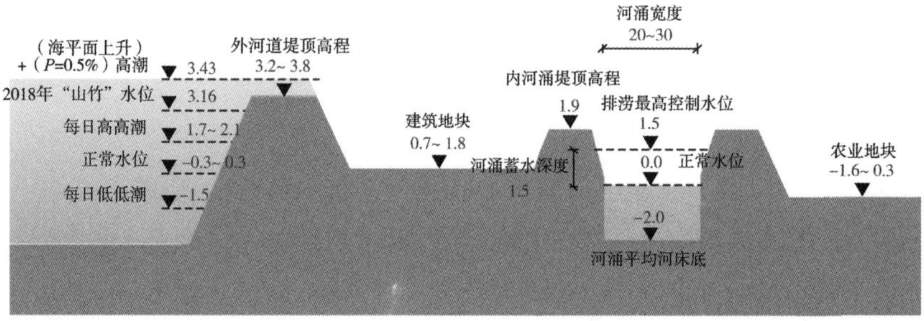

图 6–36 规划前大堤高程、内河涌高程和外河道水位高程（单位：m）

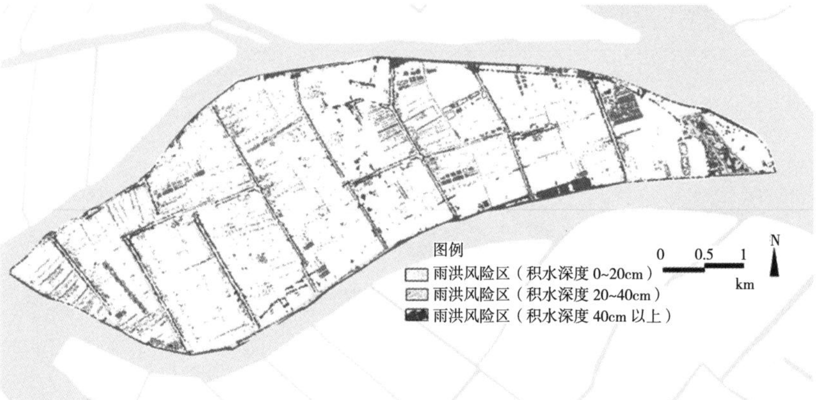

图 6–37 200 年海平面上升 +200 年一遇潮水情景下规划前受淹空间分布

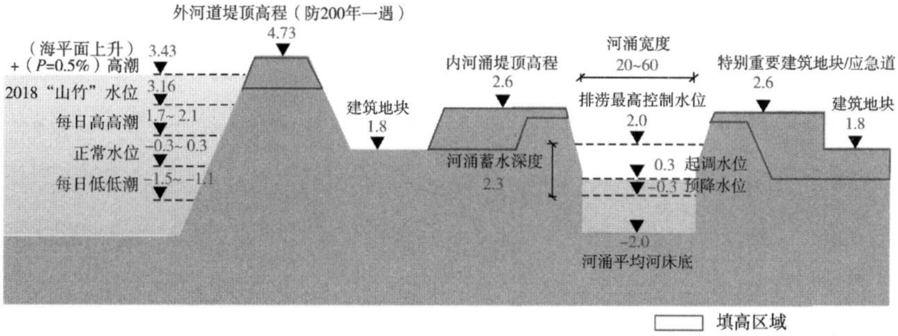

图 6–38　规划高程关系图（单位：m）

规划后，堤顶高度 $H|_{p=0.5\%}$=4.73m。为检验其有效性，表 6–6 设计了不同雨洪风险下的模拟参数，图 6–40 是模拟结果。

不同雨洪风险下的空间分布模拟参数　　**表 6–6**

模拟序号	不同雨洪风险情景	图号
1	200 年后海平面上升高度叠加 P=0.5% 高高潮。	图 6–39a
2	200 年后海平面上升高度叠加 P=0.5% 高高潮 + 0.3m。	图 6–39b
3	200 年后海平面上升高度叠加 P=0.5% 高高潮 + 0.6m。	图 6–39c
4	200 年后海平面上升高度叠加 P=0.5% 高高潮 + 0.9m。	图 6–39d

从图 6–39a 可以看到，在堤顶设计高度 $H|_{p=0.5\%}$=4.73m 时，大堤能够抵御未来 200 年后海平面上升叠加 P=0.5% 高高潮的影响，横沥岛整个没

图 6–39　不同雨洪风险下横沥岛受淹程度

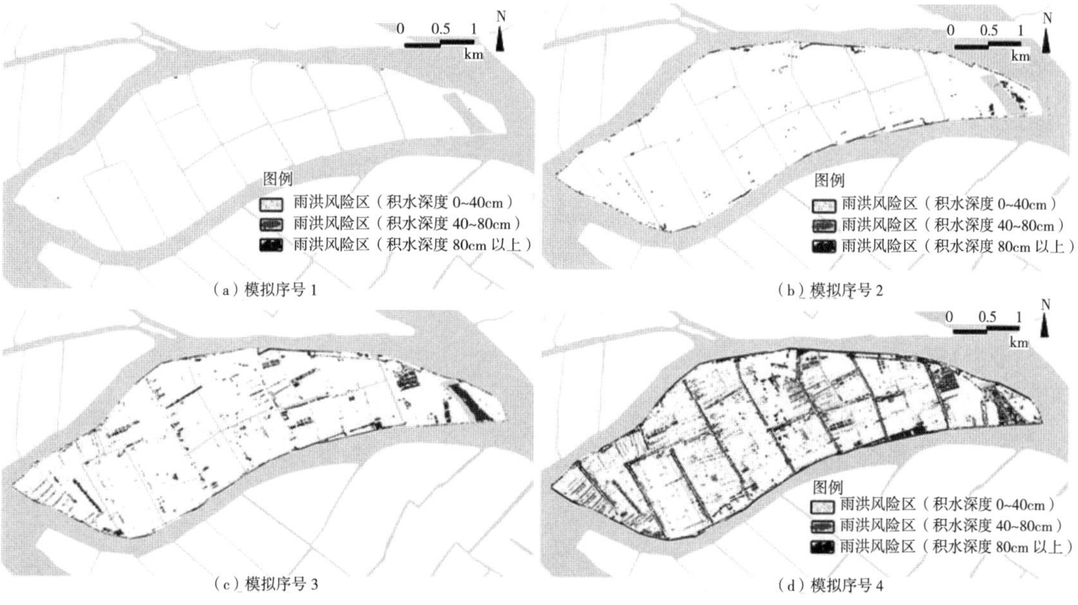

（a）模拟序号 1　（b）模拟序号 2　（c）模拟序号 3　（d）模拟序号 4

有受淹区。当外河道高潮高程在 200 年一遇高潮（*P*=0.5%）基础上再叠加 +0.3m，大堤周边泛洪带开始出现水涝现象（图 6–39b）。当外河道高潮高程在 200 年一遇高高潮（*P*=0.5%）基础上再叠加 +0.6m 时，不仅在外堤周边，而且在内河涌两岸出现了水涝现象（图 6–39c）。当外河道高潮高程在 200 年一遇高高潮（*P*=0.5%）基础上再叠加 +0.9m 时，水涝面积明显增加（图 6–39d）。

模拟结果表明：规划能够抵御未来 200 年后海平面上升叠加 *P*=0.5% 高高潮的影响，大堤设计高度是合适的。

（2）洪峰径流

表 6–7 是规划前后横沥岛洪峰径流量对比。从表中可以看到，规划后各集水单元的洪峰径流量比规划前明显减少，规划后洪峰径流量是规划前洪峰径流量的 49%，洪峰径流得到了显著的改善。其中，西 4–4 集水区在规划后洪峰径流量是规划前洪峰径流量的 16.3%，中 4–4 集水区在规划后洪峰径流量是规划前洪峰径流量的 24%，东 5–2 集水区规划后洪峰径流量是规划前洪峰径流量的 26.6%。

规划前后横沥岛洪峰径流量对比 表 6–7

规划前			规划后			规划后洪峰径流量 / 规划前洪峰径流量（%）
单元编号	集水面积（hm^2）	洪峰径流量（m^3/s）	编号	集水面积（hm^2）	洪峰径流量（m^3/s）	
东 1	180.79	12.62	东 1–1	47.00	5.74	45.5
			东 1–2	47.02	5.75	45.6
			东 1–3	86.77	10.60	83.4
东 2	109.19	7.62	东 2–1	59.29	7.24	95.0
			东 2–2	55.76	6.81	89.3
			东 2–3	23.53	2.87	37.7
东 3	109.19	7.62	东 3–1	42.19	5.15	67.6
			东 3–2	34.20	4.17	54.7
			东 3–3	32.80	4.08	53.2
东 4	130.67	15.96	东 4–1	40.30	8.61	53.9
			东 4–2	43.36	9.26	58.0
			东 4–3	47.01	10.04	62.9
东 5	89.51	6.25	东 5–1	33.25	2.32	37.1
			东 5–2	23.86	1.66	26.6
			东 5–3	32.40	2.26	36.2

续表

规划前			规划后			规划后洪峰径流量 / 规划前洪峰径流量（%）
单元编号	集水面积（hm²）	洪峰径流量（m³/s）	编号	集水面积（hm²）	洪峰径流量（m³/s）	
中 1	159.31	11.12	中 1–1	61.23	7.48	67.2
			中 1–2	35.69	4.47	40.2
			中 1–3	32.84	4.13	37.1
			中 1–4	29.55	3.95	35.5
中 2	89.51	10.94	中 2–1	49.45	6.04	55.2
			中 2–2	40.06	4.89	44.8
中 3	80.55	9.83	中 3–1	40.68	4.91	49.9
			中 3–2	39.87	4.85	49.3
中 4	100.24	7.00	中 4–1	12.42	1.51	21.6
			中 4–2	37.02	4.59	65.6
			中 4–3	37.29	4.61	65.9
			中 4–4	13.51	1.68	24.0
中 5	80.55	5.62	中 5–1	40.27	4.92	87.5
			中 5–2	40.28	4.92	87.5
西 1	119.93	8.37	西 1–1	28.78	3.51	41.9
			西 1–2	31.19	3.80	45.4
			西 1–3	59.96	7.32	87.5
西 2	159.31	11.12	西 2–1	30.24	3.70	33.3
			西 2–2	34.82	4.26	38.4
			西 2–3	38.92	4.76	42.3
			西 2–4	33.25	4.06	36.6
			西 2–5	22.08	2.70	24.1
西 3	148.57	10.37	西 3–1	28.69	3.86	37.2
			西 3–2	26.78	3.68	35.5
			西 3–3	32.87	4.12	39.7
			西 3–4	34.08	4.15	40.0
			西 3–5	26.15	3.53	34.0
西 4	170.05	11.88	西 4–1	35.36	4.32	37.0
			西 4–2	43.87	5.13	43.2
			西 4–3	51.47	7.44	62.6
			西 4–4	15.68	1.94	16.3
			西 4–5	23.67	2.95	24.8
西 5	62.65	7.37	西 5	62.65	4.37	59.3

（3）集成度

集成度反映空间节点与其他点节点的联系程度。集成度值越大，表示该节点便捷程度越高，连通度也越高。表 6–8 规划前后关键节点水系集成度对比。显然，规划后同一节点的集成度更高，连通性有了明显增加。特别是主要河涌节点（#4、#8、#13），其水系集成度均提高 20% 以上，岛东西两头关键节点（#1、#2、#19）水系集成度均提高 10% 以上。滨奇沥水道、潭州沥、上横沥三河交界口（#12）网络集成度增加 15%（图 6–40）。

规划前后关键节点水系集成度对比　　表 6–8

节点编号	规划前	城规划后	节点编号	规划前	城规划后
#1	0.5	0.56	#15	0.50	0.66
#2	0.57	0.65	#16	0.50	0.68
#3	0.63	0.71	#17	0.54	0.68
#4	0.48	0.59	#18	0.60	0.66
#5	0.52	0.68	#19	0.57	0.69
#6	0.69	0.78	#20	0.46	0.49
#7	0.70	0.80	#21	0.66	0.69
#8	0.59	0.71	#22	0.51	0.58
#9	0.67	0.75	#23	0.52	0.57
#10	0.68	0.79	#24	0.68	0.69
#11	0.53	0.68	#25	0.66	0.69
#12	0.63	0.73	#26	0.70	0.73
#13	0.48	0.65	#27	0.67	0.70
#14	0.64	0.73	#28	0.44	0.51

6.13 本章小结

本章基于雨洪韧性城市规划理论和方法，结合明珠湾横沥岛的特点和未来发展定位，研究了横沥岛韧性城市防洪（潮）排涝设计总策略和具体方案。重点研究内容如下。

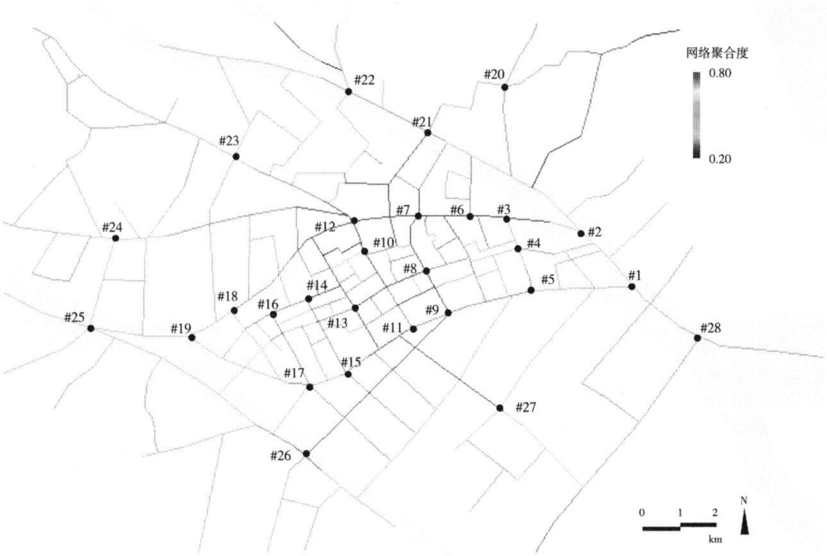

图 6–40　规划后场地及其周边水系集成度

①从高程与土地利用、水文、现状防洪（潮）排涝系统等方面分析了横沥岛的现状条件，并对多种因素扰动下的横沥岛防洪（潮）排涝能力进行了预测。

②分析了现状各集水区的蓄水能力、若干要素的空间分布、不同岸线的空间特征，阐述了防洪（潮）排涝现状存在的主要问题。

③从集水单元划分、优化水系网络、基于场地特点的河涌分类设计、“调蓄—疏导—利用”相结合的集水节点、特殊地块抬高地基等方面提出了排涝设计要点。

④从堤防高度、大堤选址、大堤形态、防洪缓冲带等方面，提出了防洪（潮）设计要点。

⑤从多层级防洪（潮）排涝系统结构、基于自然做功和工程相结合的内河涌水位调节、不同情景下的水位管理等方面，提出了横沥岛韧性城市防洪（潮）排涝设计总策略和总体方案。

⑥通过防洪（潮）能力、蓄水能力、水系的集成度、洪峰径流等方面的分析，表明了策略的可行性。

表 6–9 是结合横沥岛的场地特点，在雨洪韧性规划理论的指导下，三角洲河口防洪排涝规划中的一些典型应用措施。

雨洪韧性规划理论在三角洲河口防洪排涝规划中的一些典型应用措施 表 6–9

空间载体	空间特征	防洪排涝规划措施
排涝（以内河涌为主要载体）	模块化	·结合“产—汇—流”机理，优化集水分区，改变集中式排涝为分散式排涝； ·结合集水分区，构建多层级地表排涝网络，实现就近排放
	网络连通性	·利用滩涂地、水廊道、自然地表径流等空间要素填充地表排涝网络，为蓄水、滞涝、调峰创造良好条件； ·增加新的水廊道以提高排涝网络密度
	冗余性	·结合现状低洼地规划湿地公园和人工湖，通过湿地和人工湖蓄水滞洪，增加场地排涝能力； ·降低各类蓄水体水位，以进一步增大场地蓄涝容量
	多功能	·对不同类型排涝载体进行分类规划，赋予其不同功能定位； ·兼顾排涝网络的排水、调蓄、航运和景观功能
	多样性	·根据地形地貌，在高地对洪涝进行滞留，在低地促进洪涝快速排出； ·结合土地适宜性评价，对场地土地开发强度进行合理分配
防洪（以堤防系统为主要载体）	冗余性	·设置的堤防高度应留有余量； ·大堤内侧适当退缩岸线，扩大泛洪空间； ·利用岸线外侧滩涂地、滞留地等，辅助硬质防海大堤
	模块化	·结合岸线特征评估，对岸线进行模块化分段规划； ·采用具有针对性的不同样式的堤防形式
	多功能	·堤防与岸线景观功能相统一，集防洪性、景观性与多功能于一体； ·将堤内缓冲区作多种功能使用，平时作为城市主要景观带，灾时作为承洪区
闸泵布置与水位控制	多样性	·基于“调蓄 + 自排 + 抽排”的不同情景进行水位控制
	冗余性	·利用水闸、排涝泵站在正常情况下降低水位，预留蓄水空间

第 7 章

总结与展望

7.1 总结

本书在广泛研读国内外文献的基础上，深入剖析了珠江三角洲空间现状和世界典型三角洲城市的规划与规划案例。基于韧性理念，以“理论构建 + 实证研究”为主线，系统地研究了雨洪韧性城市规划的理论特性和空间特征，提出了珠江三角洲雨洪韧性城市规划方法，并将研究成果应用于珠江三角洲空间系统。

本书从理论、方法、实施指南、应用四大部分展开了系统研究。

（1）系统地研究了雨洪韧性城市规划理论。在总结韧性研究现状和发展趋势的基础上，阐述了韧性理念的内涵、韧性与若干相近概念的异同点。系统地分析了雨洪韧性城市规划所具有的根本思维属性和所呈现的空间特征，提出了鲁棒性、适应性是雨洪韧性城市规划下的空间所追求的两个核心能力，系统性、协同性、底线性和前瞻性是雨洪韧性城市规划所具有的四个根本思维属性，地域性、网络连通性、多样性、多功能、冗余性、模块化是雨洪韧性城市规划所呈现的六个空间特征。阐述了雨洪韧性城市规划的内在思维逻辑等关键问题，阐述了这些特性和空间特征有助于提高雨洪韧性水平的原因。雨洪韧性城市规划更加突出对自然、社会、经济等多驱动力的深刻理解，更加强调对自然基底和社会经济发展的综合把握，强调善于从世界各国和地区应对扰动的经历中学习和吸取经验、教训，将其转化为城市规划的智慧，让城市发展建立在生态可承载、城市与生态和谐发展的基础上。

（2）系统地研究了雨洪韧性城市规划方法。结合三角洲的特点，以雨洪韧性城市规划理论为指导，重点研究了如何把雨洪韧性城市规划的理论特性和所具有的空间特征转化成为对城市的规划。阐述了雨洪韧性城市规划的指导思想和基于空间分类的雨洪韧性城市规划方法，研究了生态空间雨洪韧性规划、农业空间雨洪韧性规划、城市空间雨洪韧性规划和滨水区雨洪韧性规划，分析了珠江三角洲生态、农业和城市三大空间以及滨水区的空间特征、相应的雨洪韧性规划导则和规划措施，提出了有针对性、可操作性的规划策略。

（3）从实施指南层面，阐述了雨洪韧性城市规划的实施原则、组织工作、技术路线、规划流程。从目标确定、系统解译、系统预测、关键控制节点、情景主线凝练、规划、检查反馈等环节，阐述了雨洪韧性城市规划的流程和每一环节的要点，提出了以理论先导、整体关联、因地制宜、节点塑造、生态优先、自然筑底、文化引领，连通兼容、适度冗余、逐步演进为主要特点的雨洪韧性城市规划操作指南，详细阐述了每一环节的规划要点。

（4）分析了珠江三角洲改革开放以来空间演进和西岸上游片区、西岸中下游片区、东岸片区几何中心片区、空间演进，重点对城市系统和蓝绿系统结构进行了剖析，对未来极端气候下的雨洪情景进行了预测，指出珠江三角洲现状空间面对强雨洪风险时空间存在的问题，为珠江三角洲雨洪韧性城市规划提供了规划背景。

（5）研究了雨洪韧性城市规划理论与方法在全域珠江三角洲的应用。以珠江三角洲全域为研究对象，在系统分析珠江三角洲的空间特性、空间演进、现状空间存在的主要问题、雨洪情景预测及主要问题的基础上，从土地利用、蓝绿网络、滨海岸线等方面，系统地研究了雨洪韧性城市规划理论在珠江三角洲的应用，提出了珠江三角洲雨洪韧性规划策略。

本书提出的方案，其农业用地、城市用地布局方向与现有区域规划发展的方向呈现一致，但本书提出的城市建设用地范围比现有范围小，在空间形态上更加趋于有机，更加强调了保护生态用地，避开了潜在风险区，强化了对各大口门无序填海的限制和对口门滩涂用地的保护。针对珠江三角洲蓝绿网络退化、口门拥堵的特点，结合重要农田、城市防洪（潮）排涝的需求，整合区域自然环境资源，重点打造跨区域生态廊道，在一些重要节点城市上游，建立区域级水系廊道旁路，以增加全域空间的水文安全性。综合考虑地形、地貌、高程、自然资源，尊重自然基底，突破行政边界线束缚，保障生态系统的完整性，利用最小阻力模型（MCR）对水系廊道进行了优化，提出了相应优化方案。基于岸线冲淤的历史演进研究，分析了未来气候变化对滨海岸线的影响，对若干现状功能与划分后的功能区定位不匹配的重点岸线段提出调整方案；在蕉门水道、凫洲水道、洪奇沥水道、沙湾水道、西樵水道这些流速快、冲刷显著的水道两侧，设置缓冲带以保护浅滩、湿地、滨江涵养林等高生态价值蓝绿斑块。

（6）选取广州市南沙区明珠湾横沥岛作为雨洪韧性城市规划理论与方法在珠江三角洲片区实践的典型案例。明珠湾横沥岛是珠江三角洲南沙区最重要的核心区块。随着该岛的开发强度日益增大，防洪排涝问题十分凸显，未来发展对雨洪韧性的需求更加强烈。本书基于横沥岛特点、未来发展定位和气候变化下防洪（潮）排涝问题，从防洪、排涝、应急管理等层面提出了规划策略，结合明珠湾横沥岛的场地特点，从“多层级防洪（潮）排涝模型”提出明珠湾横沥岛雨洪韧性城市规划策略，从堤防岸线、蓝绿网络、自排与抽排三个方面提出了具有可操作性的技术路线。阐述了雨洪韧性城市规划理论方法在片区的应用。

7.2 展望

面对气候变化对珠江三角洲带来的扰动，雨洪韧性城市规划要以系统性、协同性、底线性、前瞻性的思维，重视自然基底的可承载力，正视扰动的不可避免性，要以一种积极的、前瞻的态度，对扰动的发生抱有更强的包容性，工程技术与生态技术相结合，依据地域性、网络连通性、多功能、多样性、模块化、冗余性等雨洪韧性城市规划下的空间特征，提高三角洲城市空间系统的鲁棒性、适应性。

当前，我国城镇化进程正以前所未有的速度和规模发展。与西方城市不同，我国三角洲城市的发展有以下两个显著的特点：从历史发展的角度看，我国 40 多年的城市建设走过了西方国家 120 年的发展历程；从未来发展的角度看，由于我国目前城镇化进程尚未完成，城市功能定位、产业布局、空间结构、基础设施建设的调整幅度仍然很大。为此，要针对三角洲城市发展的特点，处理好发展转型、综合性土地利用、产业转型及人口流动、系统过程与空间组织、管控兼顾性等问题，跳出传统思维属性，充分发挥雨洪韧性城市规划在未来三角洲城市发展中的作用。

为推动我国三角洲雨洪韧性城市规划研究的深入开展，笔者对进一步值得研究的有关内容提出如下建议。

（1）雨洪韧性城市规划的评价体系

建立可操作、可度量的雨洪韧性城市规划的评价指标体系，是今后需要进一步深入研究的问题。本书提出了雨洪韧性城市规划的四个基本思维属性（系统性、协同性、底线性、前瞻性）、六个关键空间特征（地域性、网络连通性、多样性、多功能、冗余性、模块化），为建立雨洪韧性城市规划的评估指标体系打下基础。未来，如何深化这些特征因子，提出一些可度量的雨洪韧性评价指标以及各指标的权重，是值得研究的内容。

（2）适应多种情景的雨洪韧性城市规划方案

气候变化与快速城镇化的影响会越来越具有不确定性。同时，作为社会经济发达地区，珠江三角洲的产业转型与人口流动会成为未来重要的不确定性因素。本书提出珠江三角洲雨洪韧性城市规划，强调从多种可能的干扰中辨识未来主要情景，广泛应用雨洪韧性城市规划的理论与方法，提高空间系统对雨洪的韧性，为城市规划方案适应气候变化与快速城镇化提供了一种思路。未来，结合不确定与“多情景路径”理论，探讨同时应对不同情景参数、多个方向的方案，探讨城市规划方案能同时适应多种变化的情景，是后续工作中值得进一步研究的问题。

（3）雨洪韧性机理

珠江三角洲作为复杂的人工—自然系统，涉及社会、经济、环境等方面的多种要素和多重属性，存在着广泛而复杂的内在联系，今后要加强韧性城市规划与城市雨洪韧性其他方面的协同研究。未来城市发展的焦点是如何处理好空间发展和生态的关系，实现城市对雨洪的韧性发展。目前，虽然已有一些针对典型片区的雨洪韧性城市规划实证研究，但总体上对三角洲城市系统的复杂性、不确定性扰动、生态机制缺乏必要的认识。因此，要充分发挥城市规划在空间发展和形态调控上的作用。通过研究宏观格局的空间特征、土地利用适宜性评测，从整体上把握三角洲城市空间格局的特点，预测现状到目标实现时的差距度，找准这种差距在某些方面的突出隐患，面向问题，对症下药，精准发力；从全域空间出发，加强以自然结构划分为主的边界确定研究；探索有关控制要素的优化组合，辨识现有基底格局与关键控制节点，从正、反两个方面研究不同控制要素间的耦合机制和对系统目标的集成影响，及系统目标的驱动机理、响应速度和响应强度，从空间、时间和功能三个维度研究要素耦合机制及各要素独立的生命周期是否匹配；研究不同区块的特点，合理利用自然生态要素，通过协调确定重要的蓝绿网络位置。

（4）城市空间与生态阈值的关系

城市空间—生态阈值是城市空间结构—生态环境平衡的重要指标，体现城市空间发展与资源环境的兼容性。研究城市空间—生态阈值的关系，对变化速率慢但对系统发展起基底格局作用的空间结构，要重点研究相应资源配置和刚性控制。而对变化速率快且对系统雨洪韧性发展起关键作用的空间结构，要重点研究对未来不确定性环境的适应性。

雨洪韧性城市规划以两个核心能力、四种基本思维属性、六个空间特征为主要特点。鲁棒性、适应性是雨洪韧性城市规划下的空间所追求的两个核心能力，系统性、协同性、底线性和前瞻性是雨洪韧性城市规划所具有的四个基本思维属性，地域性、网络连通性、多样性、多功能、冗余性、模块化是雨洪韧性城市规划呈现的六个空间特征。雨洪韧性城市规划更加突出对自然条件、生态、社会、经济等多驱动力的深刻理解，更加强调对自然基底和社会经济发展的综合把握，善于从世界各国应对灾害的经验中学习，将其转化为城市规划的智慧，让城市发展建立在生态可承载、保障底线和立足生态优先的基础上。可以相信雨洪韧性城市规划在未来城市规划领域将大有作为。

附录 1

珠江三角洲若干重要发展阶段及历次规划实践

1. 重要发展阶段

（1）1978 年以前：农业主导阶段

1978 年以前，珠江三角洲以农业经济为主导。空间格局以自然用地、成片的桑积鱼塘以及城市群落为主。

元朝以前的珠江三角洲以广州为单中心。广州便利的港口交通条件是其成为珠江三角洲单中心城市的主要原因。广州的发展推动了珠江三角洲其他城市的发展。

明朝和清朝，广州成为我国唯一的对外通商口岸。16 世纪后，澳门被葡萄牙人占领，改变了过去广州单中心的发展模式，成为继广州后珠江三角洲的又一个发展中心。

1840 年鸦片战争后，香港取代了澳门的地位，这一时期，广州逐渐成为综合性经济文化中心。

（2）1978~1992 年：发展起步阶段

自 1978 年中国改革开放以来，政策、产业、交通等因素极大地改变了珠江三角洲空间结构发展与演变的方式。珠江三角洲利用地缘优势，充分吸收港澳资本和技术。乡镇企业、外向型加工业、经济特区的迅速发展，带动了一批中小城市的崛起。一方面，珠江三角洲农村广泛实行了家庭联产承包责任制，释放了大量剩余劳动力 [87]。土地开发行为各自为政，无统一标准。另一方面，香港由于劳动力成本和土地成本上升的原因，产业结构作了较大调整，资本和制造业开始向内地转移。这一时期，珠江三角洲充分利用地缘和先发优势，成为吸收港澳资本和技术进入内地的蓄水池，镇变市的现象屡见不鲜。

香港制造业的转移促进了珠江三角洲城市与产业规模增长，诞生了一批电子、家电、纺织服装、食品等“外向型”企业。同时，乡镇企业不断壮大。城市人口迅速增长。珠江三角洲空间结构也发生了巨大变化。1992 年，广东省 10 万人口以上的城市有 21 个，常住人口达 2465 万人。珠江三角洲城市化水平比全国同期高 16%。

（3）1992~2000 年：快速发展阶段

1991 年邓小平南方谈话后，珠江三角洲进入了快速城市化阶段。贸易产业、加工装配业全面推进，服务业大幅增长。

1995 年，珠江三角洲进入了快速城市化阶段，产业结构变化极快。外向型加工制造业井喷，基础设施投入加大，第二、三产业指标全面提高，极大地推动了城市化进程，建设用地向郊区扩展，小城市星罗棋布。全域内圈层城市建区已连成一片，东、西翼发展轴基本成型，大都市连绵区雏形出现。珠江三角洲第三产业就业比重从 32% 上升到 37.3%，城市建设用地开始向郊区扩展，城市间平均距离仅 9.8km，内圈层城市建区已连成一片，大都市连绵区雏形出现。2000 年，珠江三角洲常住人口达 4289 万人，城市化率达 72%。

（4）2000 年至今：稳步发展阶段

2005 年之后，在产业适度重型化、高技术化、交通运输网络化和城市空间整合等因素驱动下，城镇化水平呈现数量增长与质量提高并举。这一时期，珠江三角洲空间结构的变化由腹地向沿海发展，跨海格局逐渐成形。

2008 年，全球金融危机严重地冲击了珠江三角洲的外向型经济，大量中小企业破产倒闭。珠江三角洲加大对科技投入，产业结构开始向汽车、电子、石化和高技术化转型。广州、深圳的现代物流、金融等生产性服务业快速发展，形成了以商贸业、金融业为主的第三产业体系。交通基础设施不断完善，旧城改造和新区建设如火如荼，城市内部功能结构更加完善。2012 年，珠江三角洲常住人口达 5689 万人，城镇化率达 84%。与前两个时期相比，这一时期的空间发展理念也从强调经济发展转变为环境保护、公平发展、协调发展。绿道建设、生态保护规划、海绵城市以及“城市双修”等空间政策的执行，给蓝绿网络的修补带来了契机，蓝绿结构修复工作已进入全域规划时期。珠江三角洲在分享香港制造业内迁红利的同时，积极抓住中国加入世界贸易组织的机遇，高附加值产品出口比明显提高。

2. 历次规划实践

（1）1989 年《珠江三角洲城市体系规划 1991—2010》

从 20 世纪 90 年代开始，珠江三角洲“外向型”城市化主导着城市发展，发展中也出现了土地利用各自为政、缺乏统筹的现象。《珠江三角洲城市体系规划 1991—2010》正是在这一背景下进行的。规划的目标是建立合理的城市体系结构，措施是通过重点培育若干中心城市，带动各片区发展。规划的重点是确定城市等级、城市规模和职能结构等。这是珠江三角洲第一次区域城市规划。规划对区域性的基础设施、社会设施等进行了初步规划，以广州、深圳、珠海、惠州为中心划分为 4 个片区。规划的主题词是城市群、基础设施。规划要点包括以下几个方面。

①区域中心城市、副中心城市、一般城市、中心镇等城市体系架构。

②区域重要资源的开发利用。

③涉及全域的重大基础设施布局。

（2）1994 年《珠江三角洲经济区城市群规划 1994—2020》

依据上轮规划编制的内容，经过五年的发展，珠江三角洲的城市空间格局和社会经济已经有了一定的发展。《珠江三角洲经济区城市群规划 1994—2020》强调“点轴”发展，提出了两主轴（广州—深圳、广州—珠海）、七拓展轴的空间结构发展模式。2000 年以来，已形成了“广州—深圳”双中心格局。

本轮规划的主要思路包括以下几点。

①这轮规划突出环境保护，强调区域可持续发展的空间建构和建设形态、建设标准的引导。

②规划目标是建设职能明确、功能互补、布局合理、网络均衡的现代化城市群。

③探索城市群发展的圈层结构。

④分类提出不同类型空间的用地模式。

⑤构建“点轴”空间，推进城乡一体化建设。

（3）2004 年《珠江三角洲城市群协调发展规划 2004—2020》

21 世纪初，珠江三角洲已经成为全国城镇化水平最高的地区，经济要素最为密集，但发展中也凸显了经济增长与资源短缺、社会需求增高与供给滞后等一系列矛盾。

《珠江三角洲城市群协调发展规划 2004—2020》在指导思想上突出区域整体发展，强调区域与城乡统筹。规划目标是加强系统规划，解决城市无序蔓延和土地利用各自为政的问题，将珠江三角洲建设成为世界级的制造业基地和充满生机与活力的城市群。重点措施是通过空间政策和管治引导，实现区域公平发展的机会。根据珠江三角洲发展的实际情况，建立了 9 类政策分区，出台了 4 级空间管治和八大行动实施计划。空间布局上首次提出了“一脊、三带、五轴”的空间结构，通过“脊梁”加强各城市之间的联系，打造“广州—佛山—肇庆”“深圳—东莞—惠州”“珠海—江门—中山”三个都市圈，推动珠江三角洲地区一体化发展。

本轮规划的关键词是脊梁、公平、实施管治。具体强调以下几点。

①构建空间、产业、交通、生态协同发展体系，形成珠江三角洲发展的“脊梁”。

②区域与城乡统筹。

③通过有差别的政策引导，引导区域公平发展。

④建立实施机制，强化规划的实施性。

（4）2008 年《珠江三角洲改革发展规划纲要 2008—2020》

经历 30 年的改革开放后，珠江三角洲在全国的发展政策优势逐渐减小，外部及全球竞争加大。2008 年全球金融危机给区域经济带来了挑战。《珠江三角洲改革发展规划纲要 2008—2020》旨在进一步维护城乡公平，实现城乡一体化。通过深化与港澳合作，共建宜居区域。规划目标是建设宜居城乡。规划行动出台了区域发展的政策纲要，对城乡与区域一体化提出了具体的发展要求。

本轮规划主要强调空间主轴对一体化发展的贡献。主要的重点有以下几个方面。

①构建新型产业体系，促进产业升级。

②创造城乡公平发展机会。

③网络覆盖和快慢体系建设。

④深化粤、港、澳合作，从“战略性规划研究”向“可操作性行动计划”转变。

（5）2014 年《珠江三角洲全域城市规划 2015—2020》

《珠江三角洲全域城市规划 2015—2020》进一步突出区域协调观，并将香港、澳门纳入规划的范围。规划目标是打造具有全球竞力的世界级城市群。规划提出了粤、港、澳三地合作行动，完善区域协调机制，以区域空间结构、跨界交通、地区合作为重点，制定了空间协调发展策略、行动计划及协调机制。规划对空间结构网络进行优化，提出了“一湾三区、三轴四层、三域多中心”的空间结构，形成了点轴、圈层、分区的空间格局。

本轮规划的主题词是全域协同、重塑提升。主要内容如下。

①强调粤、港、澳全域协同。

②从规划、建设、管理等各个环节优化空间、规模、产业三大结构。

③设立涵盖社会经济、生态、管理、基础设施、防灾等方面的 35 项子规划，推动行动纲领实施。

（6）2019 年《粤港澳大湾区发展规划纲要 2020—2035 年》

《粤港澳大湾区发展规划纲要 2020—2035 年》旨在打造内地与港澳深度合作示范区，推进供给侧结构性改革，为湾区发展提供新活力。规划的主题词是改革引领，协调发展，兼顾统筹，保护生态。主要内容如下[93-94]。

①构建极点带动、轴带支撑的空间格局。

②“香港—深圳”“广州—佛山”“澳门—珠海”强强联合。

③优化中心城市，建设节点组团，发展特色城市，优化岭南风貌。

④构建新一代基础设施网络，发挥港珠澳大桥作用，加快建设深中隧道建设，促进东西两岸协同发展。

⑤统筹发展海洋经济，强化水资源安全保障，完善防灾减灾体系。

⑥推进生态文明建设，打造生态防护屏障，加强环境保护和治理。

⑦建设宜居、宜业、宜游的生产、生活、生态圈，共建人文湾区。

⑧共建粤、港、澳合作发展平台，共建创新示范区。

附录 2

广州市南沙区有关数据

广州市南沙区现状土地利用格局及指标统计如附表 2–1 所示。

南沙区土地利用统计（单位：hm^2）　　附表 2–1

组团	分区	自然用地				农业用地		城市用地		蓝绿网络	总面积
		林地	草地	坑塘	滩涂	鱼塘	耕地	居住	工业	水＋绿道	
北部组团	黄阁镇	827.11	26.20	53.45	112.79	120.55	2635.16	886.88	841.53	1185.24	6688.91
	东涌镇	2.95	4.52	7.12	46.41	74.70	6366.63	1536.87	171.44	1040.78	9251.42
西部组团	大岗镇	370.78	5.81	36.15	9.50	12.77	6074.37	1035.30	231.79	1492.37	9268.84
	榄核镇	0.00	4.96	0.00	26.14	672.57	5107.12	598.52	645.61	954.30	8009.22
南部组团	万顷沙镇	0.00	3.51	0.00	2927.71	1264.72	7950.91	1042.38	43.49	2907.50	16140.28
	龙穴岛	0.00	0.00	0.00	2250.77	188.06	1870.21	0.00	1265.94	2487.67	8062.65
中心组团	南沙街	2128.91	108.64	32.40	190.76	9.89	73.70	3198.96	205.51	2682.81	8631.58
	珠江街	0.00	2.18	0.00	180.39	246.30	1781.02	107.68	292.36	443.79	3053.64
	横沥镇	21.87	28.20	0.00	85.22	309.48	2843.22	847.01	254.62	1202.01	5591.63
	龙穴街	23.59	0.00	0.00	679.17	8.01	1477.67	0.00	0.00	1142.46	3330.90

附录 3

广州市南沙区横沥岛有关数据

1. 横沥岛基本高程数据及建模（附表 3–1）

主要标高参数（珠江基础高程，单位：m）　　附表 3–1

序号	名称	值域	注释
1	现状农业用地标高	–1.6~0.3	横沥岛现状农业类用地地表高程
2	现状建设用地标高	0.7~1.8	横沥岛现状建设用地地表高程
3	内河涌水面标高	–1.8~0.3	横沥岛河涌水面高程
4	内河涌堤顶标高	1.9~2.6	横沥岛现状河涌两旁堤岸顶部高程
5	外水道深洪点标高	–18.7~ –7.6	外部水道（蕉门河、上横沥、下横沥）断面最大深水处高程
6	外水道平均河床标高	–15.4~ –10.9	外部水道（蕉门河、上横沥、下横沥）河床平均深度高程
7	外水道堤顶标高	3.2~3.8	外部水道（蕉门河、上横沥、下横沥）两旁堤岸顶部高程值
8	外水道堤底标高	0.8~1.2	外部水道（蕉门河、上横沥、下横沥）两旁堤岸靠近陆地侧的地面高程值
9	外水道日均高高潮历史实测平均值	1.7~2.1	外部水道（蕉门河、上横沥、下横沥）日均不规则半日潮2次高潮中的高程值（可代表日均水面最高高度）
10	外水道日均低低潮历史实测平均值	–1.5~ –1.1	外部水道（蕉门河、上横沥、下横沥）日均不规则半日潮 2 次低潮中的低者的高程值（可代表日均水面最低高度）
11	外水道正常水面历史实测平均值	–0.3~0.3	外部水道（蕉门河、上横沥、下横沥）日均不规则半日潮水面保持时间最长的水面高程值（水面保持该高程值在平均 6.5h 以上）
12	外水道受 2018 年“山竹”台风带来的高潮标高	3.16	2018 年台风“山竹”影响下外水道的高潮水面高度

续表

序号	名称	值域	注释
13	外水道高高潮不同潮频下标高计算值	3.22（P=0.1%，1000 年一遇） 2.93（P=0.5%，200 年一遇） 2.8（P=1%，100 年一遇） 2.69（P=2%，50 年一遇） 2.53（P=5%，20 年一遇） 2.4（P=10%，10 年一遇） 2.23（P=20%，5 年一遇） 2.02（P=50%，2 年一遇）	不同累积概率下，外部水道（蕉门河、上横沥、下横沥）高高潮高程
14	气候变化缓慢条件下海平面上升高度	0.25m	气候变化缓慢条件下海平面上升高度
15	气候变化剧烈条件下海平面上升高度	0.50m	气候变化剧烈条件下海平面上升高度

（来源：笔者根据相关数据整理）

2. 各种堤型与适宜条件

常用的韧性堤型剖面可以为直立式、多级直立式、斜坡式、多级斜坡式、岛头式、混合式、超级堤式、丁坝式。剖面如附图 3-1~ 附图 3-8 所示。各种堤型优缺点及适用岸线条件如附表 3-2 所示。

附图 3-1　直立式堤型截面图

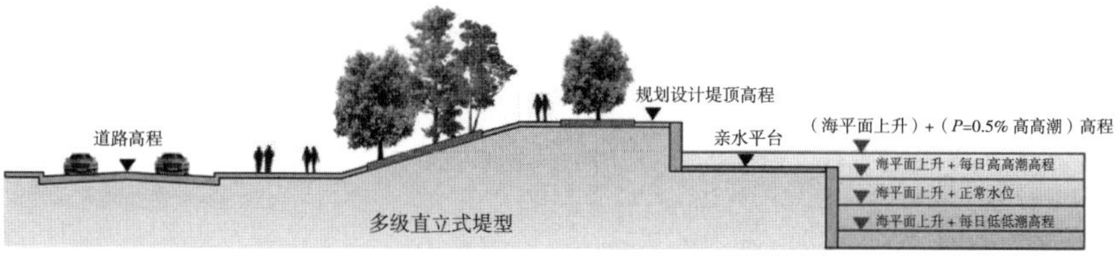

附图 3-2　多级直立式堤型截面图

附图 3-3　斜坡式堤型截面图

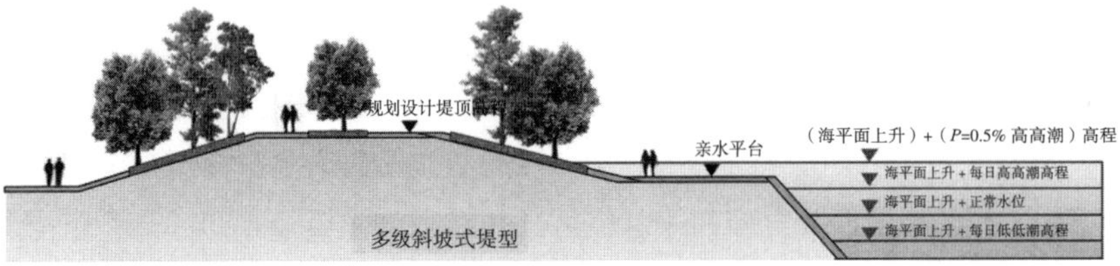

附图 3-4 多级斜坡式堤型截面图

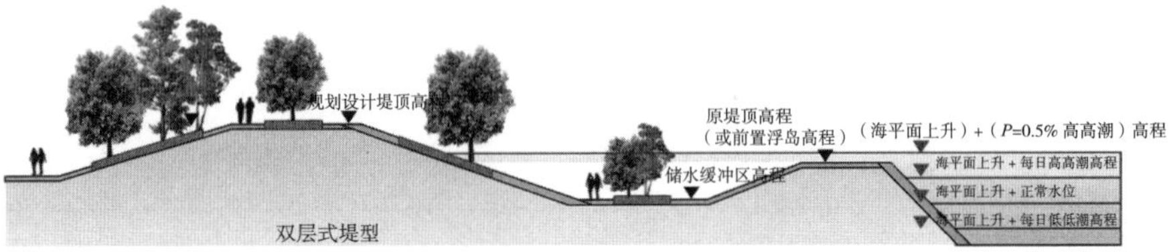

附图 3-5 岛头式堤型截面图

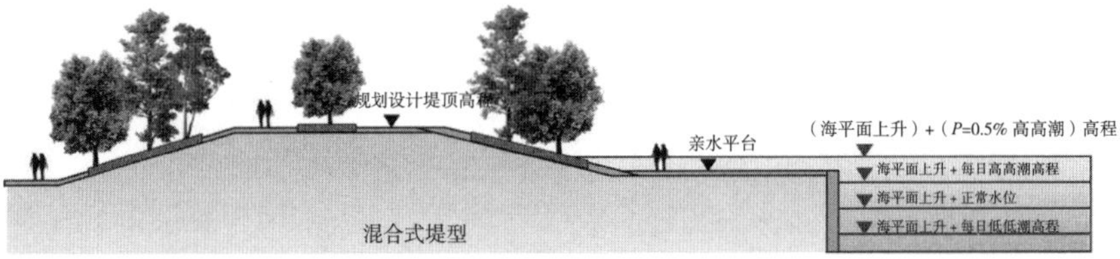

附图 3-6 混合式堤型截面图

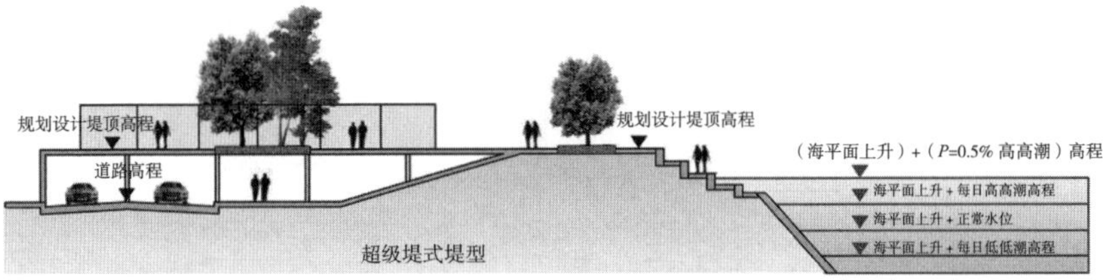

附图 3-7 超级堤式堤型截面图

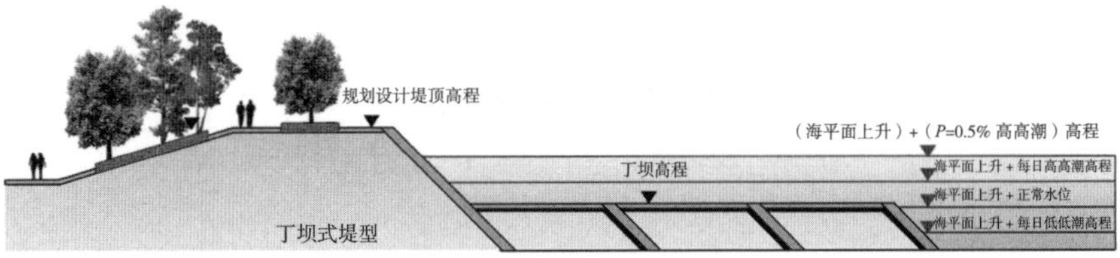

附图 3-8 丁坝式堤型截面图

各种堤型的优缺点及适用堤岸条件　　**附表 3–2**

类型	三维模型	优点	缺点	适用堤岸段条件
直立式	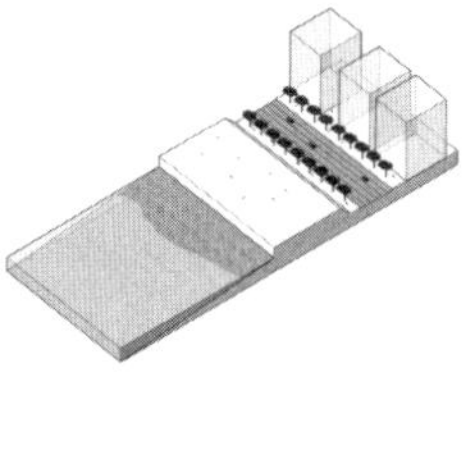	· 堤身自身结构占地面积较小； · 在占地条件允许时，堤宽可以扩大，便于多功能利用（景观休闲、健身公园等）； · 防浪墙后已达到防洪标准，有利于堤后景观带的防护； · 造价较低	· 潮水正面冲击堤身，激发浪高，不利于防御风浪冲击； · 堤顶距离正常水位高差较大，不利于亲水需求； · 滨水侧工程化痕迹比较明显； · 对地基要求高，工程造价高； · 不利于景观带的布置	适用于土地预留面积不大、对亲水性和自然性要求不高、浪潮对岸线冲击不大、堤岸地基沉降不严重的堤段
多级直立式	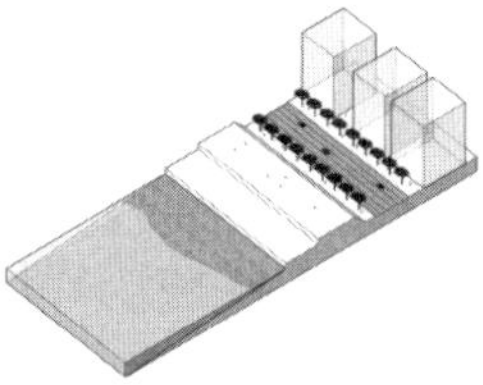	· 空间层次感较好，视线开阔，景观性好； · 最低一级直墙可以设置亲水平台，满足亲水性的需求； · 防浪墙后已达到防洪标准，有利于景观带的防护	· 潮水正面冲击堤身，激发浪高，不利于防御风浪冲击； · 滨水侧工程化痕迹比较明显； · 结构工程较复杂，造价较高； · 堤防自身结构占用陆地面积较大	适用于景观需求性较高、预留面积较大、浪潮对岸线冲击不大的堤段
斜坡式	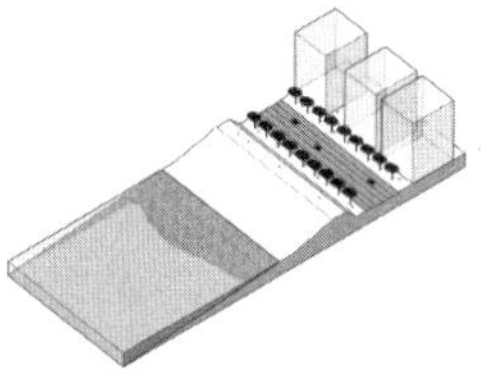	· 堤坡较为自然，空间层次感较好，视线开阔； · 有利于在斜坡上营造滨江休闲景观带，亲近自然，景观效果好； · 工程结构较简单，造价低； · 斜坡具有防洪缓冲带作用，有利于抵御风浪冲击	· 堤防结构占地面积较大； · 堤顶距离正常水位高差较大，不利于亲水需求； · 在极端气候下，堤头斜坡部分有水涝	适用于景观要求高、土地供给充足、浪潮对岸线冲击较大、堤内防洪要求高的堤段
多级斜坡式	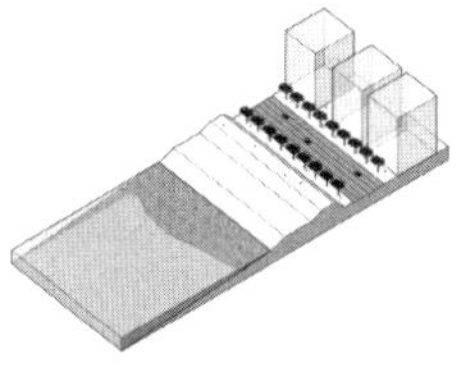	· 堤坡自然，视线开阔，美观性好； · 较低的斜坡坡顶可以设置亲水平台； · 有利于在斜坡上营造滨江休闲景观带亲近自然，空间层次感好，景观效果好； · 双层坡具有多级防洪缓冲带作用，有利于抵御风浪冲击	· 堤防结构占地面积大； · 工程较复杂，造价较高； · 在极端气候下，堤头第一级斜坡有水涝现象	适用于景观要求很高、土地供给充足、浪潮对岸线冲击较大需要有多级缓冲、堤内防洪要求高的堤段
岛头式	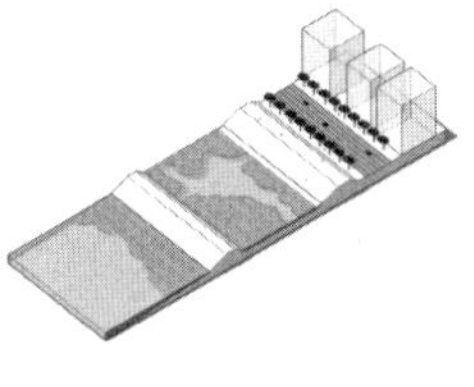	· 岛头式可以保护岛头不受浪潮直接冲击产生掏刷破坏； · 可以促进保护岛头生长，形成新的滩涂	· 占用河道空间； · 与岸线中间的水段流通性降低，易产生“死水”现象； · 后期维护成本较高	适用于岛头开阔水面，或外河道河床已有大量水生生物栖息地、滨河区湿地涵养价值较高、河道水面比较平静的特殊堤段。河道、河涌拥堵的情况下不建议使用

续表

类型	三维模型	优点	缺点	适用堤岸段条件
多级混合式	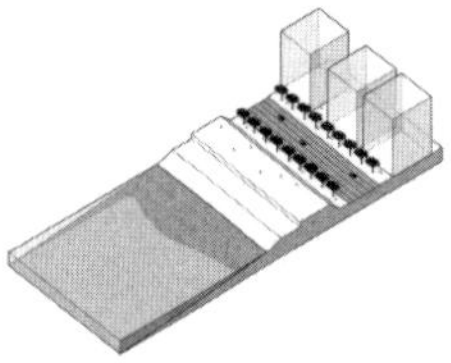	·斜坡＋直立有变化感，空间层次感好，景观效果好； ·具有防洪缓冲作用，有利于抵御风浪冲击； ·占地面积总体较多级斜坡式小	·结构工程较复杂，造价较高； ·受土壤沉降环境影响较大； ·后级直立仍会有一定的风浪冲击	适用于景观要求高、土地供给有限、允许浪潮对岸线有一定冲击、堤内防洪要求高的堤段
超级堤式	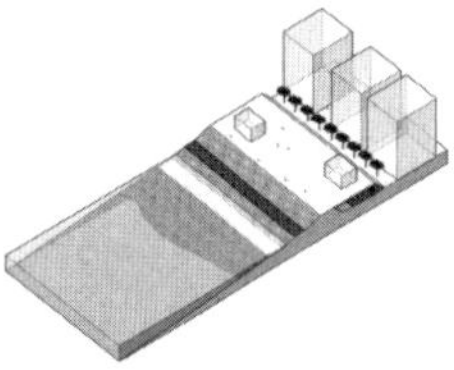	·采用超宽的堤宽结构，可以对风浪潮起到良好的缓冲作用，即使发生漫堤，由于堤顶流速较小，不至于造成冲刷破坏； ·迎水面通常采用阶梯式的结构，利于逐步加高，对海平面缓慢上升的情况具有逐步适应性； ·由于堤宽很宽，可以结合周边道路一同建设，实现堤防多功能利用； ·堤坡自然，空间层次感较好，视线开阔，美观性特别好	·堤防占地面积较大； ·复合型结构较为复杂，造价较高； ·在极端气候下，堤头斜坡有水涝现象	适用于景观要求很高、土地供给充足、浪潮对岸线冲击较大，需要有多级缓冲、堤内防洪要求高的堤段。特别适用于现状堤岸已为阶梯状的，且未来可以逐步提高堤顶高程的堤段
丁坝式	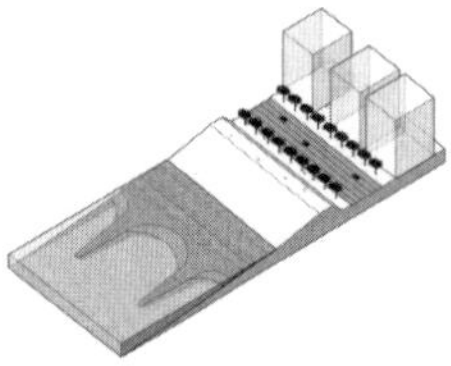	·在一定程度上改变了河流原有动力，分离和衰减水流，保护河岸不受浪潮直接冲击产生掏刷破坏； ·促进岸线形成新的滩涂	·堤身结构较为复杂，工程造价高； ·由于有结构深入河道，会对河流周边原有的生物栖息地造成影响； ·占用河道空间较大	适用于河道较宽、岸线经常受浪潮冲击且影响正常使用、需要对河滩围垦的堤段。一般情况下不建议使用

参考文献

[1] World Bank. World bank annual report 2015[EB/OL]. [2022-11-13]. http://documents.worldbank.org/curated/en/880681467998200702/World-Bank-annual-report-2015.

[2] 彭雄亮，姜洪庆，黄铎，等．粤港澳大湾区城市群适应台风气候的韧性空间策略[J]. 城市发展研究，2019，26（4）：55-62.

[3] NICHOLLS R. Ranking of the world's cities most exposed to coastal flooding today and in the future [R]. Organisation for Economic Cooperation and Development，2019.

[4] 石先武，高廷，谭骏，等．我国沿海风暴潮灾害发生频率空间分布研究 [J]. 灾害学，2018，33（1）：49-52.

[5] OK T R，MILLS G，CHRISTEN A，et al. Urban climates [M]. Cambridge：Cambridge University Press，2017.

[6] 索尔·维尔斯赫伊，安娜·亚丝拉琪·隆德，等．丹麦哥本哈根暴雨防控详细规划 [J]. 景观设计学，2016，4（5）：54-67.

[7] Urban Redevelopment Authority. Master plan for Singapore 2019[EB/OL]. [2022-11-13]. https://www.ura.gov.sg/Corporate/Planning/Master-Plan.

[8] Center for Liveable Cities. Living with water：lessons from Singapore and Rotterdam [EB/OL]. [2022-11-13]. https://www.clc.gov.sg/research-publications/publications/books/view/living-with-water.

[9] Waterfront Alliance. Waterfront edge design guidelines [EB/OL]. [2022-11-13]. http://wedg.waterfrontalliance.org/.

[10] Municipal Government. Copenhagen climate adaptation plan[R]. Climate Change Adaptation Strategy，2018.

[11] MEYER H，NIJHUIS S. Designing for different dynamics：the search for a new practice of planning and design in the Dutch Delta [M]// PORTUGALI J，STOLK E. Complexity，cognition，urban planning and design，springer proceedings in complexity. Heidelberg：Spring Verlag，2018.

[12] 陈天，石川淼，王高远．气候变化背景下的城市水环境韧性规划研究——以新加坡为例 [J]. 国际城市规划，2021，36（5）：52-60.

[13] 许涛，王春连，洪敏 . 基于灰箱模型的中国城市内涝弹性评价 [J]. 城市问题，2015（4）：2–11.

[14] 刘健，赵思翔，刘晓 . 城市供水系统弹性应对策略与仿真分析 [J]. 系统工程理论与实践，2015（10）：2637–2645.

[15] FRANCESCH–HUIDOBRO M，DABROWSKI M，TAI Y，et al. Governance challenges of flood–prone delta cities：integrating flood risk management and climate change in spatial planning [J]. Progress in Planning，2017，114（2）：1–27.

[16] 曹哲静 . 荷兰空间规划中水治理思路的转变与管理体系探究 [J]. 国际城市规划，2018，33（6），68–79.

[17] 陈奇放，翟国方，施益军 . 韧性城市视角下海平面上升对沿海城市的影响及对策研究——以厦门市为例 [J]. 现代城市研究，2020，4（2）：106–111.

[18] 陈前虎，吴昊 . 国土空间开发“源汇”格局对河道水质的影响——以杭州市 11 个排水分区为例 [J]. 城市规划，2020，44（7）：28–37.

[19] LIJDSMA L. Turning the tide– inverting ecosystem service assessment as a planning and design instrument for decision–makers to develop sustainable eco–based solutions in an uncertain region [D]. Delft：TU Delft，2019.

[20] 陈崇贤，杨潇豪，夏宇 . 基于海平面影响湿地模型的海平面上升影响海岸湿地景观研究 [J]. 风景园林，2019，26（9）：75–82.

[21] THORNE K，MACDONALD G，GUNTENSPERGEN G，et al. U.S. pacific coastal wetland resilience and vulnerability to sea–level rise[J]. Science Advances，2018，4（2）：3270.

[22] YANG R，ZHANG J，XU Q，et al. Urban–rural spatial transformation process and influences from the perspective of land use：a case study of the pearl river delta region[J]. Habitat International，2020，104：102234.

[23] DRIESSEN P P J，HEGGER D L T，KUNDZEWIC Z W，et al. Governance strategies for improving flood resilience in the face of climate change[J]. Water，2018，10（11）：1–16.

[24] CHU E，ANGUELOVSKI I，ROBERTS D. Climate adaptation as strategic urbanism：assessing opportunities and uncertainties for equity and inclusive development in cities[J]. Cities，2017，60：378–387.

[25] HOLLING C S. Resilience and stability of ecological system[J]. Annual Review of Ecology and Systematics，1973，4（1）：1–23.

[26] FOLKE C. Resilience：the emergence of a perspective for social–ecological systems analyses[J]. Global Environmental Change，2006，16（3）：253–267.

[27] CARPENTER S，WALKER B，ANDERIES J M，et al. From metaphor to measurement：resilience of what to what?[J]. Ecosystems，2001，4（8）：765–781.

[28] HOLLING C S. Engineering resilience versus ecological resilience[M]// SCHULZE P. Engineering within ecological constraints. Washington D C: The National Academies Press, 1996.

[29] FOLKE C, CARPENTER S, ELMQVIST T, et al. Resilience and sustainable development: building adaptive capacity in a world of transformations[J]. AMBIO: A journal of the human environment, 2002, 31 (5): 437–441.

[30] MILETI D S. Disasters by design: a reassessment of natural hazards in the United States, natural hazards and disasters[M]. Washington D C: Joseph Henry Press, 1999.

[31] WALKER B, HOLLING S C, CARPENTER R S, et al. Resilience, adaptability and transformability in social–ecological system[J]. Ecology and Society, 2004, 9 (2): 3438–3447.

[32] ADGER W N, HUGHES T P, FOLKE, C, et al. Social–ecological resilience to coastal disasters[J]. Science, 2005, 309: 1036–1039.

[33] AHERN J. From fail–safe to safe–to–fail: sustainability and resilience in the new urban world[J]. Landscape and Urban Planning. 2011, 100 (2): 341–343.

[34] BRUNEAU M, CHANG S E, EGUCHI R T, et al. A framework to quantitatively assess and enhance the seismic resilience of communities[J]. Earthquake Spectra, 2003, 19 (4): 733–752.

[35] ALERTI M, MARZLUFF J M. Ecological resilience in urban ecosystems: linking urban patterns to human and ecological functions[J]. Urban Ecosystems, 2004, 7 (3): 241–265.

[36] MEEROW S, NEWELL J P, STULTS M. Defining urban resilience: a review[J]. Landscape and Urban Planning, 2016 (147): 38–49.

[37] Intergovernmental Panel on Climate Change. Climate change 2007—the physical science basis: contribution of working group I to the fourth assessment report of the IPCC[M]. Cambridge: Cambridge University Press, 2007.

[38] UN International Strategy for Disaster Reduction. Terminology on disaster risk reduction[EB/OL]. [2022–11–13]. https://www.preventionweb.net/understanding–disaster–risk/terminology#:~:text=Terminology%20on%20Disaster%20Risk%20Reduction%20The%20UNDRR%20Terminology,reduction%20efforts%20of%20authorities%2C%20practitioners%20and%20the%20public.

[39] BERKES F, FOLKE C. Linking social and ecological systems for resilience and sustainability [M]// FOLKE C. Linking social and ecological systems: management practices and social mechanisms for building resilience. Cambridge: Cambridge University Press, 1998.

[40] GUNDERSON L H. Adaptive dancing: interactions between social resilience and ecological crises[M]// BERKES F. Navigating social-ecological systems: building resilience for complexity and change. Cambridge: Cambridge University Press, 2003.

[41] 欧阳虹彬，叶强．弹性城市理论演化评述：概念、脉络与趋势 [J]. 城市规划，2016，40（3）：34–42.

[42] 牛品一，顾朝林．弹性城市研究框架综述 [J]. 城市规划学刊，2014，218（5）：23–31.

[43] 赫磊，宋彦，戴慎志．城市规划应对不确定性问题的范式研究 [J]. 城市规划，2012，36（7）：15–22.

[44] CARPENTER S R，FOLKE C，SCHEFFER M，et al. Resilience: accounting for the noncomputable[J]. Ecology and Society，2009，14（1）：13.

[45] SIMMIE J，MARTIN R. The economic resilience of regions: towards an evolutionary approach[J]. Cambridge Journal of Regions，Economy and Society，2010，3（1）：27–43.

[46] KINZIG A P，RYAN P A，ETIENNE M，et al. Resilience and regime shifts: assessing cascading effects[J]. Ecology and Society，2006，11（1）：110–121.

[47] WALKER B，SALT D. Resilience thinking: sustaining ecosystems and people in a changing world[M]. Washington D C: Island Press，2006.

[48] FOLKE C，CARPENTER S，WALKER B，et al. Regime shifts，resilience，and biodiversity in ecosystem management[J]. Annual Review of Ecology, Evolution and Systematics，2004，35：557–581.

[49] RAYMOND C M，FRANTZESKAKI N，KABISCH N，et al. A framework for assessing and implementating the co-benefits of nature-based solutions in urban areas[J]. Environmental Science & Policy，2017，77（3）：15–24.

[50] 杨敏行，黄波，崔翀，等．基于韧性城市理论的灾害防治研究回顾与展望 [J]. 城市规划学刊，2016，227（1）：48–55.

[51] GUNDERSON L H，HOLLING C S. Panarchy: understanding transformations in human and natural systems[M]. Washington D C: Island Press，2002.

[52] DESOUZA K C，FLANERY T H. Designing，planning and managing resilient cities: a conceptual framework[J]. Cities，2013，31（5）：89–99.

[53] MEYER H，BOBBINK I，NIJHUIS S. Delta urbanism: the Netherlands[M]. Chicago: American Planning Association，2010.

[54] FORGACI C. Integrated urban river corridors: urban design for social-ecological resilience in Bucharest and Beyond[D]. Delft: TU Delft，2018.

[55] COLDING J.‘Ecological land-use complementation’for building resilience in urban

ecosystems[J]. Landscape and Urban Planning，2007，81（1）：46-55.

[56] RESTEMEYER B，WOLTJER J，BRINK M. A strategy-based framework for assessing the flood resilience of cities：a hamburg case study[J]. Planning Theory and Practice，2015，16（1）：45-62.

[57] 许婵，文天祚，刘思瑶．国内城市与区域语境下的韧性研究评述 [J]. 城市规划，2020，44（4）：106-120.

[58] 黄晓军，黄馨. 弹性城市及其规划框架初探 [J]. 城市规划，2015（2）：50-56.

[59] 彭翀，郭祖源，彭仲仁．国外社区韧性的理论与实践进展 [J]. 国际城市规划，2017，32（4）：60-66.

[60] ALLAN P，BRYANT M. Resilience as a framework for urbanism and recovery [J]. Journal of Landscape Architecture，2011，6（2）：34-45.

[61] DAVOUDI S，SHAW K，HAIDER L. J，et al. Resilience：a bridging concept or a dead end [J]. Planning Theory & Practice，2012，13（2）：299-307.

[62] LAWRENCE J，HAASNOOT M. What it took to catalyse uptake of dynamic adaptive pathways planning to address climate change uncertainty [J]. Environmental Science & Policy，2017，5（68）：47-57.

[63] MISHRA A，GHATE R，MAHARJAN A，et al. Building ex ante resilience of disaster-exposed mountain communities：drawing insights from the Nepal earthquake recovery[J]. International Journal of Disaster Risk Reduction，2017（22）：167-178.

[64] ROMSDAHL R J，KIRILENKO A，WOOD R S，et al. Assessing national discourse and local governance framing of climate change for adaptation in the United Kingdom[J]. Environmental Communication，2017，11（4）：515-536.

[65] Recovery Planning Assistance Team. Downtown rockport：strength，vitality，and resilience[M]. Chicago：American Planning Association，2020.

[66] MASTERSON J H，BERKE P，MALECHAM，et al. Plan integration for resilience scorecard guidebook：how to spatially evaluate networks of plans to reduce hazard vulnerability[R]. The United States：Department of Homeland Security，2020.

[67] CHEN G，XIE J，LI W，et al. Future ‘local climate zone’ spatial change simulation in greater bay area under the shared socioeconomic pathways and ecological control line[J]. Building and Environment，2021，203（3）：108077.

[68] 滕五晓，罗翔，万蓓蕾，等．韧性城市视角的城市安全与综合防灾系统——以上海市浦东新区为例 [J]. 城市发展研究，2018（3）：39-46.

[69] 韩雪原，赵庆楠，路林，等．多维融合导向的韧性提升策略——以北京城市副中心综合防灾规划为例 [J]. 城市发展研究，2019（8）：78-83.

[70] 翟国方，邹亮，马东辉，等．城市如何韧性 [J]. 城市规划，2018（2）：42-46.

[71] 赫磊，戴慎志．全球城市综合防灾规划中灾害特点及发展趋势研究 [J]．国际城市规划，2019（6）：92–99.

[72] FOSTER H D. Disaster planning：the preservation of life and property [M]. Berlin：Springer Science & Business Media，2012.

[73] BERKE P，NEWMAN G，LEE J，et al. Evaluation of networks of plans and vulnerability to hazards and climate change：a resilience scorecard[J]. Journal of the American Planning Association，2015，81（4）：287–302.

[74] KYTHREOTIS A，MANTYKA–PRINGLE C，MERCER T G，et al. Citizen social science for more integrative and effective climate action：a science policy perspective[J]. Frontiers in Environmental Science，2019，7（4）：23–35.

[75] Rockerfeller Foundation, ARUP. City resilience index[EB/OL].[2022–11–13]. https://www.arup.com/perspectives/publications/research/section/city–resilience–index.

[76] United Nations Office for Disaster Risk Reduction. How resilient is your coastal community? A guide for evaluating coastal community resilience to tsunamis and other coastal hazards[EB/OL]. [2022–11–13]. https://www.preventionweb.net/publication/how–resilient–your–coastal–community–guide–evaluating–coastal–community–resilience.

[77] TANAKA M, BABA K. Resilient policies in asian cities [M]. Singapore: Springer Singapore，2020.

[78] 李彤玥，顾朝林 . 中国弹性城市指标体系研究 [C]. 智能信息技术应用学会，2014.

[79] United Nations Office for Disaster Risk Reduction. The human cost of disasters: an overview of the last 20 years (2000—2019) [EB/OL]. [2022–11–13] https://www.undrr.org/publication/human–cost–disasters–overview–last–20–years–2000–2019.

[80] DEBORAH O' C，BRIAN W，NICK A，et al. The resilience，adaptation and transformation assessment and learning framework[R].UN & Commonwealth Scientific and Industrial Research Organization，2015.

[81] 吴波泓，陈安 . 韧性城市恢复力评价模型构建 [J]. 科技导报，2018，36（16）：94–99.

[82] 李彤玥 . 韧性城市研究新进展 [J]. 国际城市规划，2017，32（5）：15–25.

[83] 闫水玉，唐俊 . 韧性城市理论与实践研究进展 [J]. 西部人居环境学刊，2020，35（2）：111–118.

[84] 戴伟，孙一民，韩・梅尔，等 . 走向韧性规划：基于国际视野的三角洲规划研究 [J]. 国际城市规划，2018，33（3）：83–91.

[85] 戴伟，孙一民 . 三角洲城市雨洪规划研究——以新奥尔良“Dutch Dialogues”工作坊为例 [J]. 华中建筑，2018（4）：76–80.

[86] HOLLAND J H. Complex adaptive systems[J]. Daedalus，1992，121（1）：17–30.

[87] WALKER B, SALT D. Resilience thinking-sustaining ecosystems and people in changing world[M]. Washington D C: Island Press, 2006.

[88] Resilience Alliance. Urban resilience research prospectus [EB/OL]. [2019-11-12]. http://www.resalliance.org/index.php/urban_resilience.

[89] SHARIFI A. Resilient urban forms: a review of literature on streets and street networks[J]. Building and Environment, 2019, 147 (9): 171-178.

[90] 邵亦文，徐江．城市韧性：基于国际文献综述的概念解析 [J]. 国际城市规划，2015，30（2）：48-54.

[91] REVI A. Climate change risk: an adaptation and mitigation agenda for Indian cities[J]. Environment and Urbanization, 2008, 20 (1): 207-229.

[92] LIAO K H, LE T A, VAN NGUYEN K. Urban design principles for flood resilience: learning from the ecological wisdom of living with floods in the Vietnamese Mekong Delta[J]. Landscape and Urban Planning, 2016, 155 (3): 69-78.

[93] GERSONIUS B. The resilience approach to climate adaptation applied for flood risk [D]. Delft: TU Delft, 2016.

[94] FLORA A. Towards flexibility in the design and management of multifunctional flood defense[D]. Delft: TU Delft, 2017.

[95] 冯璐．弹性城市视角下的风暴潮适应性景观基础设施研究 [D]. 北京：北京林业大学，2015.

[96] 周艺南，李保炜．循水造型——雨洪韧性城市规划研究 [J]. 规划师，2017，33（2）：90-97.

[97] 崔翀，杨敏行．韧性城市视角下的流域治理策略研究 [J]. 规划师，2017，33（8）：31-37.

[98] 俞孔坚，许涛，李迪华，等．城市水系统弹性研究进展 [J]. 城市规划学刊，2015，221（1）：75-83.

[99] Resilience Alliance. Assessing and managing resilience in social-ecological systems: a practitioner's workbook, version 2.0[EB/OL]. [2022-11-13]. http: //www.resalliance.org/files/ResilienceAssessmentV2_2.pdf.

[100] 戴伟，孙一民，韩・迈耶，等．基于系统韧性的三角洲城市规划方法 [J]. 城市发展研究，2019，26（1）：21-29.

[101] 戴伟，孙一民，韩・迈也．韧性：三角洲地区城市规划转型的新理念 [J]. 风景园林，2019，26（9）：83-92.

[102] 戴伟，孙一民，韩・迈尔，等．气候变化下的三角洲城市韧性规划研究 [J]. 城市规划，2017，41（12）：26-34.

[103] 广东省统计局．广东统计年鉴 2017[M]. 北京：中国统计出版社，2018.

[104] 中国天气网 . 广东省气温 [EB/OL]. [2019-11-14]. http：//mbd.baidu.com/newspage/data/landingsuper?context=%7B%22nid%22：%22news_9790328361460109130%22%7D&n_type=1&p_from=4.

[105] CHEN S，LI W，DU Y，et，al. Urbanization effect on precipitation over the Pearl River Delta based on CMORPH data[J]. Advances in Climate Change Research，2015（3）：16-22.

[106] STEINER F. Landscape ecological urbanism：origins and trajectories [J]. Landscape and Urban Planning，2011，100（4）：333-337.

[107] 赵荻能 . 珠江河口三角洲近 165 年演变对人类活动响应研究 [D]. 杭州：浙江大学，2017.

[108] Global Water Partnership China. Water problems in the Pearl River Delta under climate change and their response and governance measures [Z]. Geneve: The Intergovernmental Panel on Climate Change, 2016.

[109] 水利部珠江水利委员会 . 西、北江下游及其三角洲网河河道设计洪潮水面线（试行）[Z]. 广州：珠江水利委员会，2012.

[110] WU C，YANG S，LEI Y. Quantifying the anthropogenic and climate impacts on water discharge and sediment load in the Pearl River（Zhujiang），China（1954—2009）[J]. Journal of Hydrology，2012，452（10）：190-204.

[111] 水利部珠江水利委员会 . 珠江流域历史上的洪水灾害 [R]. 广州：水利部珠江水利委员会，2014.

[112] 郑国栋 . 人类活动对珠江三角洲水动力环境影响研究 [D]. 武汉：武汉大学，2005.

[113] 岑迪 . 基于“流—空间”视角的珠三角区域空间结构研究 [D]. 广州：华南理工大学，2014.

[114] 董好刚，黄长生，陈雯，等 . 珠江三角洲环境地质控制性因素及问题分析 [J]. 中国地质，2012，39（2）：539-549.

[115]《珠江三角洲农业志》编写组 . 珠江三角洲农业志 [R]. 佛山：《珠江三角洲农业志》编写组，1976.

[116] 席琦 . 以圩田景观为核心的桑园围地区乡土景观研究 [D]. 北京：北京林业大学，2016.

[117] Intergovernmental Panel on Climate Change. Climate change 2013：the physical science basis[M]//IPCC. contribution of working group I to the fifth assessment report of the intergovernmental panel on climate[M]. Cambridge: Cambridge University Press，2013.

[118] 广州市水务局 . 广州市水文公开信息查询 [EB/OL]. [2020-10-20]. http：//swj.gz.gov.cn/.

[119] 戴伟，孙一民 . 三角洲河口韧性防洪排涝设施规划研究——以明珠湾横沥岛为例

[J]. 2022，46（6）：113–124.

[120] 广州市南沙区人民政府 . 关于公布实施《广州南沙新区横沥分区控制性详细规划》成果的通告 [EB/OL]. [2022–11–13]. http：//www.gzns.gov.cn/zwgk/ghjh/fzgh/content/post_3881766.html.

[121] 广州市规划和自然资源局 . 关于公布实施《明珠湾起步区（横沥岛）控制性详细规划修编》成果的通告 [EB/OL]. [2022–11–13]. http://www.gzns.gov.cn/zwgk/ghjh/fzgh/content/post_3881766.html.

[122] 广东省水利电力勘测设计研究院 . 南沙新区起步区防洪规划报告 [R]. 广州：广东省水利民力勘测设计研究院，2018.

[123] 广东省水利电力勘测设计研究院 . 南沙新区起步区雨水排涝规划报告 [R]. 广州：广东省水利电力勘测设计研究院，2018.

[124] 2019 中国海平面公报 [EB/OL]. [2021–04–14]. http：//www.mnr.gov.cn/sj/sjfw/hy/gbgg/zghpmgb/.

后记

2023年是国家“十四五”时期城乡建设的关键年，也是我国全面建成小康社会实现、第一个百年奋斗目标后，乘势而上，开启全面建设社会主义现代化国家新征程的第一个五年。随着经济水平的提高，城市和雨洪环境的矛盾日益突出，逐渐衍生出了大量城市水安全、水环境、水生态问题。原有粗放式的城市规划方法在新的雨洪灾害背景下亟待转型。

雨洪韧性城市与我国绿色城市直接关联，并成为体现我国生态文明建设优越性的重要窗口，同时也是城乡命运共同体下的系统工程，对于全球气候变化、中国快速城镇化的语境具有普适意义。本书的研究与撰写工作得到了浙江省自然科学基金探索项目（LQ22E080016）、浙江省社会科学界联合会研究课题（2024N087）、浙江省文化和旅游厅科研与创作项目（2023KYY036）、国家自然科学基金面上项目（52278083）、浙大城市学院“青年英才”人才启动基金的联合资助。感谢浙大城市学院国土空间规划学院对本书出版的大力支持！感谢广东省自然资源厅、广东省住房与城乡建设厅、广东省水利厅、广东省城乡规划设计研究院、华南理工大学建筑设计研究院等为本书在珠江三角洲的实践研究提供了平台与数据支撑！感谢广州市、深圳市、珠海市、佛山市等地的地方政府与相关职能部门对本书写作提供的大量第一手素材！感谢荷兰代尔夫特理工大学建筑与建成环境学院汉·梅尔（Han Meyer）教授和华南理工大学建筑学院孙一民教授对本人在博士学习期间的指导！感谢中国建筑工业出版社黄翊、焦扬、徐冉编辑，自然资源部地图技术审查中心相关工作人员对本书顺利出版所付出的汗水！

本书系统、全面地研究了雨洪韧性城市规划理论、方法与珠江三角洲实践，希望能引起更多城市规划设计理论与实践工作者投身于我国的雨洪韧性城市规划建设中，一同营造新时代适应城市雨洪风险的绿色城市。